さいたま市未来創造図4

人と人を絆で結ぶスマートシティ

清水勇人

埼玉新聞社

目次

第1章

「スマートシティ」とは何か

賢い都市、スマートシティとは

「スマートシティ」という言葉を耳にする機会が増えました。スマートを直訳すると賢い、高知能などといった意味です。賢い都市、高い知能を備えた都市とは一体どんなまちなのでしょう。皆さんはどんな都市を想像しますか。

日本でスマートシティといえば多くの場合、再生可能エネルギーなどを効率よく使い、IT（情報技術）などを駆使してまち全体の電力の有効利用を図る環境配慮型都市を指します。エネルギー消費を都市全体で効率化して有効活用するまちづくりも提唱され、実証実験なども各地で行われています。

今、国や全国の自治体がスマートシティに注目しています。しかし、多様で大規模にまち全体で取り組む具体的な事例はまだまだ多くはありません。

一方、海外ではスマートシティの取り組みが活発化し、投資額も膨らんでいると聞きます。日本との違いは、スマート化する対象をエネルギーマネジメントに限定していないこ

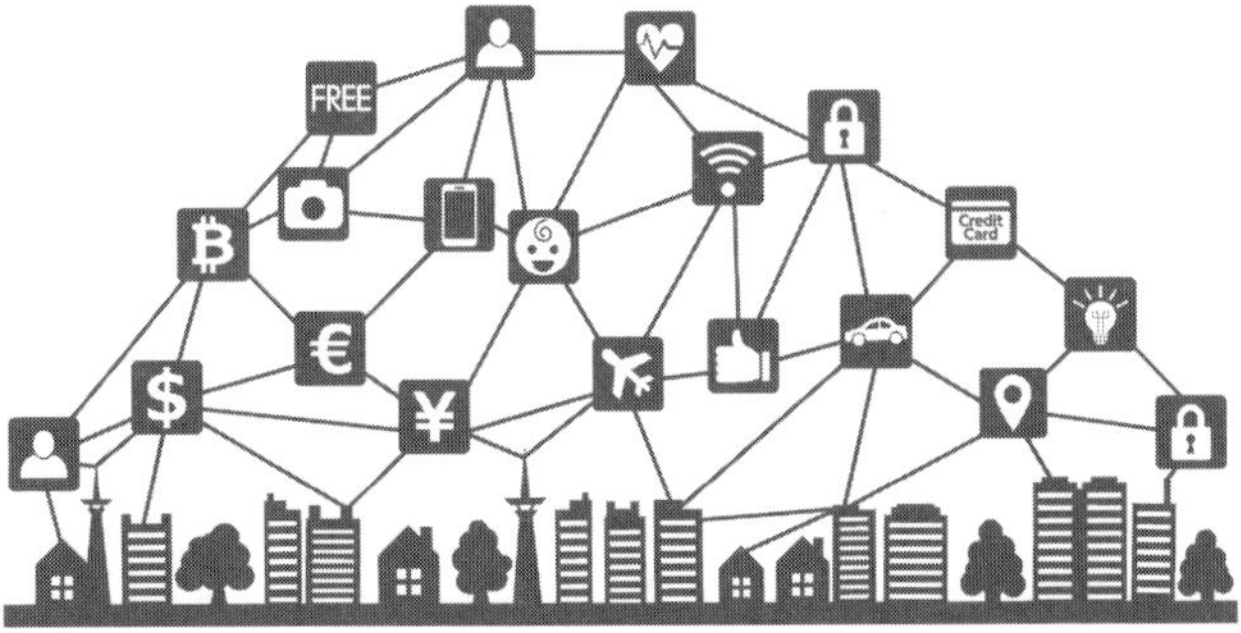

スマートシティと聞いて、どんなまちを思い浮かべますか

とです。

都市の機能は複雑で、都市が抱える課題は住民生活や教育、医療・介護や行政、防災など広範囲に及びます。それぞれの都市の特性と課題を踏まえつつ、先端技術を駆使して都市のサービスを効率化し、必要に応じてハードのインフラもデザインし直して都市の持続可能性を確保していこうという動きが海外では広がりつつあります。

例えば、高齢者などの移動手段の確保や通勤時の交通渋滞を緩和する対策がその一つです。「ファースト1マイル」や「ラスト1マイル」の交通手段はどうあるべきかといった検討がなされています。そのために役立っているのが、公共交通機関データの集約やプラットフォーム化などによる分析で、ビッグデータや人工知能（ＡＩ）、ＩｏＴ（モノのインターネット）などといった最新のテクノロジーです。

目指すスマートシティの姿

今年6月、さいたま市は三郷、越谷、八潮、草加、吉川、松伏の各市町と「新たなモビリティサービスによるまちづくり協議会」を設立しました。

この県南東部6市1町は、高齢者の移動手段の確保などが行政課題となる中、東西交通のインフラが脆弱であることや渋滞の解消などといった地域の活力強化に関する共通の課題を抱えています。協議会は自治体が広域で連携し、次世代の移動サービスを提供する新しい概念「P-MaaS（ピーマース）」[※1]によるまちづくりを目指しています。すでに、フィンランドでは「Whim」といったサービスが提供され、このマースが実現化しています。

マースとは「モビリティ・アズ・ア・サービス」の略です。あらゆる交通手段を統合した一つの移動サービスと考え、スマートフォンのアプリなどで検索や予約、決済までを行うサービスを想定し、官民での研究が進んでいます。

マースは、さいたま市がスマートシティを目指す取り組みの一つに過ぎません。私たちが考えるスマートシティは対象をエネルギーマネジメントに限定せず、広範囲で多様な課題に対して都市サービスを効率化し、都市の持続可能性を確保しようというものだからです。

日本でも国土交通省をはじめとするさまざまな省庁が新たなスマートシティへの取り組みを打ち出しました。

さいたま市は今年5月31日に国土交通省スマートシティモデル事業の「重点事業化促進プロジェクト」として選定されました。従来のまちづくりの発想と異なるのは、各省庁がそれぞれの所管分野を縦割りでばらばらに支援するのではなく、その都市の特性に合わせ、データと先端技術を駆使してまち全体を見渡しながら、都市・地域の課題解決を支援しようとしていることです。

私は、少子化と超高齢社会が進展する中で、スマートシティの実現によって日本の都市の持続可能性が高まり、経済活力の維持も期待できると考えています。

これからのさいたま市に必要なのは、こうしたまちづくりの発想と広範囲で多様な取り組みをいち早く進め、実証実験しながら知見を得て社会実装につなげていくことです。

今、浦和美園地区を中心にしてスマートシティ実現への取り組みが進んでいます。

その取り組みは実に多様で広範囲にわたります。私は、この地域での知見をやがてはさいたま市全体へ広げ、まち全体が社会実装の場となることで活性化の原動力にしたいと考えています。

スマートシティプロジェクト箇所図

◆先行モデルプロジェクト

番号	プロジェクト実施地区	対象区域
1	北海道　札幌市	市の中心部および郊外
2	秋田県　仙北市	市全域
3	茨城県　つくば市	市全域
4	栃木県　宇都宮市	市全域
5	埼玉県　毛呂山町	町全域
6	千葉県　柏市	柏の葉キャンパス駅周辺
7	東京都　千代田区	大手町・丸の内・有楽町エリア
8	東京都　江東区	豊洲エリア
9	静岡県　熱海市 下田市	熱海市市街地 下田市市街地
10	静岡県　藤枝市	市全域
11	愛知県　春日井市	高蔵寺ニュータウン
12	京都府　精華町 木津川市	けいはんな学研都市 （精華・西木津地区）
13	島根県　益田市	市全域
14	広島県　三次市	川西地区
15	愛媛県　松山市	中心市街地西部

◆重点事業化促進プロジェクト

番号	プロジェクト実施地区	対象区域
1	宮城県　仙台市	泉パークタウン
2	茨城県　守谷市	市全域
3	群馬県　前橋市	市全域
4	埼玉県　さいたま市	美園地区、大宮駅周辺地区
5	東京都　大田区	羽田空港跡地第1ゾーン
6	神奈川県　横浜市	みなとみらい21地区
7	神奈川県　川崎市	新百合ヶ丘駅周辺地区
8	神奈川県　横須賀市	市全域
9	新潟県　新潟市	市全域
10	福井県　永平寺町	町全域
11	岐阜県　岐阜市	市全域
12	愛知県　岡崎市	乙川リバーフロントエリア
13	大阪府　大阪市	うめきた2期地区、夢洲地区
14	兵庫県　加古川市	市全域
15	岡山県　倉敷市	中心市街地
16	広島県　呉市	市全域
17	広島県　福山市	市全域
18	徳島県　美波町	町全域
19	香川県　高松市	市全域
20	愛媛県　新居浜市	市全域
21	福岡県　福岡市	九州大学箱崎キャンパス跡地等及び周辺地域
22	長崎県　島原市	島原半島
23	熊本県　荒尾市	南新地地区

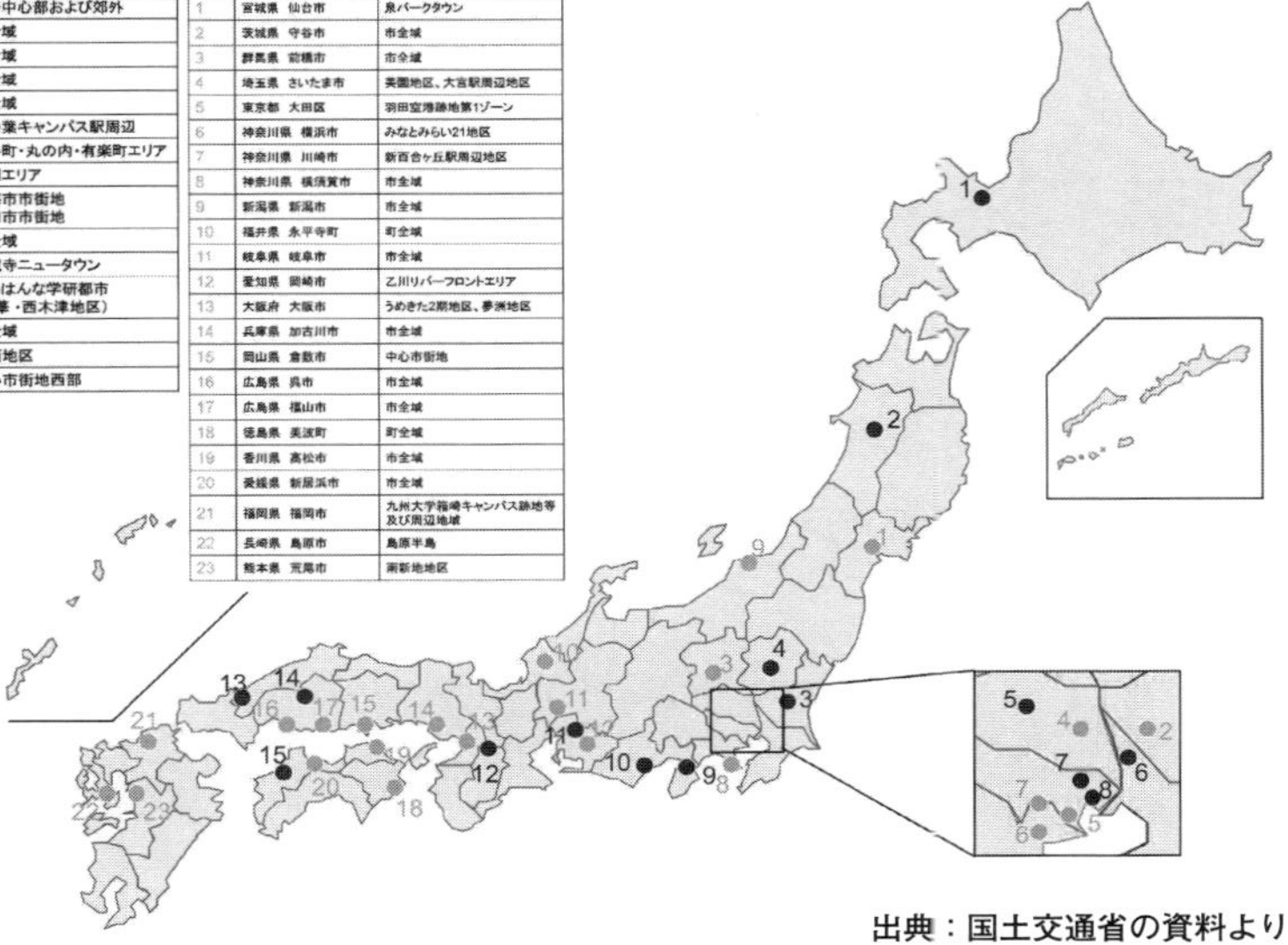

出典：国土交通省の資料より

各地の取り組み

本論を始める前に、さいたま市のスマートシティ化を進めるに当たり、私が重視していることを重ねて指摘しておきます。

スマートシティの実現には対象を限定せず、多様で広範囲な取り組みを積み重ねることが必要です。そして、将来はさいたま市全体で社会実装することが都市の持続可能性のカギを握ります。

さいたま市が実現を目指すスマート化の全体像を論じるに当たり、マスコミなどが最近注目した各地の取り組みをみておきましょう。

まずは富山県富山市の事例を、日本経済新聞から紹介します。

富山市はＩｏＴ（モノのインターネット）技術をまちづくりなどに生かす「スマートシティ」の実現に向け、民間事業者による実証実験に取り組んでいます。市全域を網羅するデータ収集システムの活用法を探るものです。

全国でも先進的な取り組みで、実験には県内外から参加申請がありました。新産業の育成や市民サービス向上が期待されています。

実証実験に使うのは、市が国の支援を受けて今春完成させた「富山市スマートシティ推進基盤」です。学校や地区センター、防災無線柱などの公共スペースに、受信アンテナを設置。受信範囲内にセンサーを置いて情報を集め、「IoTプラットフォーム」というデータベースに蓄積し、分析して活用します。

アンテナは、市民が暮らす地域のほぼ全域をカバーしているといい、市民やモノに関する幅広い情報を収集できます。市全域を網羅する例は全国的にも例がなく、実証実験の環境を民間にも提供し、一定期間無償でシステムを活用してもらいます。

もちろん、個人情報を許可なく集めることはありません。実験で得たデータは、事業者がIoT技術を用いたセンサーの開発などビジネスに利用でき、市はオープンデータとして公開することも検討しているとのことです。

福島県会津若松市では、ＩＴ関連企業の進出が相次いでいます。その背景にはスマートシティ構想を掲げる市が、地域をあげてシステムづくりに不可欠な社会的な実証実験の場を提供したことがあります。日刊工業新聞の記事から紹介します。

構想をけん引する企業には、コンサルティング大手のアクセンチュアのほか、日本マイクロソフト、シマンテック、フィリップス・ジャパン、ＮＥＣ、三菱ＵＦＪリサーチ＆コンサルティング、三菱商事など知識集約型の大企業が目立ちます。

２０００年代以降、国内では業種を問わずＩＴの活用が急拡大しましたが、取り残されたのは自治体をはじめとする行政や医療、エネルギーなどの公共部門の市場でした。

例えば、市民の健康づくりを通して医療費を抑制するシステムをつくれば、市民の健康にプラスになると同時に健康保険や財政の負担が減ります。

そのためには社会的な実証実験が不可欠ですが、行政や医療機関の協力がなければ実施はできません。「のどから手が出るほど欲しい実証データが手に入らない」（システム会社）状態が続いていた、と報じています。

東日本大震災で打撃を受けた会津若松市は、基幹産業の観光と農林業の先行きが見通せないほど落ち込み、ＩＴ化の構想を進めています。

※１　行政の社会的課題解決のために、行政が主体となったマース（Public-Mobility as a Service）。

第2章

さいたま市の課題

人口減少と「運命の10年」

さいたま市の人口は2030年まで増加。厚生労働省の国立社会保障・人口問題研究所が2018年3月に発表した『日本の地域別将来推計人口』です。

さいたま市の人口はここ数年、毎年1万人前後増加しており、人口増加率は政令指定都市の中でもトップクラス（2位）です。特に20～30代の若い世代の社会増（転入超過）が多いのが特徴です。総務省の2018年の統計では、さいたま市は0～14歳の転入超過数が全国1位でした。

政令指定都市に移行して15年の節目だった昨年9月には、総人口が130万人を突破しました。

市民や事業者、企業の皆さんがそれぞれの立場から地域づくりにかかわってくださった結果、さいたま市が魅力ある都市として市内外の多くの方から受け止められている結果だろうと考えています。

人口増減率ランキング2019（政令指定都市）

順位	政令市名	増減率	人口（2019住基）
1	川崎市	0.84	1,500,460
2	さいたま市	0.79	1,302,256
3	福岡市	0.78	1,540,923
4	大阪市	0.45	2,714,484
5	名古屋市	0.27	2,294,362
6	千葉市	0.23	970,049
7	横浜市	0.21	3,745,796
8	仙台市	0.19	1,062,585
9	札幌市	0.16	1,955,457
10	広島市	0.07	1,196,138
11	相模原市	0.02	718,367
12	岡山市	0.01	709,241
13	熊本市	-0.03	734,105
14	京都市	-0.23	1,412,570
15	浜松市	0.28	804,780
16	神戸市	-0.32	1,538,025
17	堺市	-0.34	837,773
18	新潟市	-0.49	792,868
19	北九州市	-0.53	955,935
20	静岡市	-0.55	702,395

出典：日経BP社　新・公民連携最前線
総務省：「住民基本台帳に基づく人口、人口動態及び世帯数」（2019年1月1日）

私が市長に就任して10年が過ぎました。これまで「市民一人ひとりがしあわせを実感できる都市」を実現したいという思いを胸に、全力で市政運営に取り組んできました。

子育てが楽しくなる環境づくりや質の高い教育などといった未来を担う子どもや若者を育成するための施策をはじめ、さいたま市の強みを生かした「住みやすい」『住み続けたい』と感じていただけるまちづくりの施策を着実に推進しています。

2009年に市長に就任以来、「しあわせ倍増プラン2009」『同2013』『同2017』「成長戦略」『成長加速化戦略』を策定し、多くの事業を実現してきました。これらの施策や事業を推進するにあたっては、行政・市民・事業者がしっかりと役割分担をしながら連携してきました。

国立社会保障・人口問題研究所は人口推計の中で、さいたま市の人口は2030年の131万8050人をピークに、2045年には128万5867人に減少するとしています。さらに、さいたま市の高齢化率は毎年上昇を続けています。

人口減少や超高齢社会の進行は、さいたま市の未来に大きな影響を及ぼすことは想像に

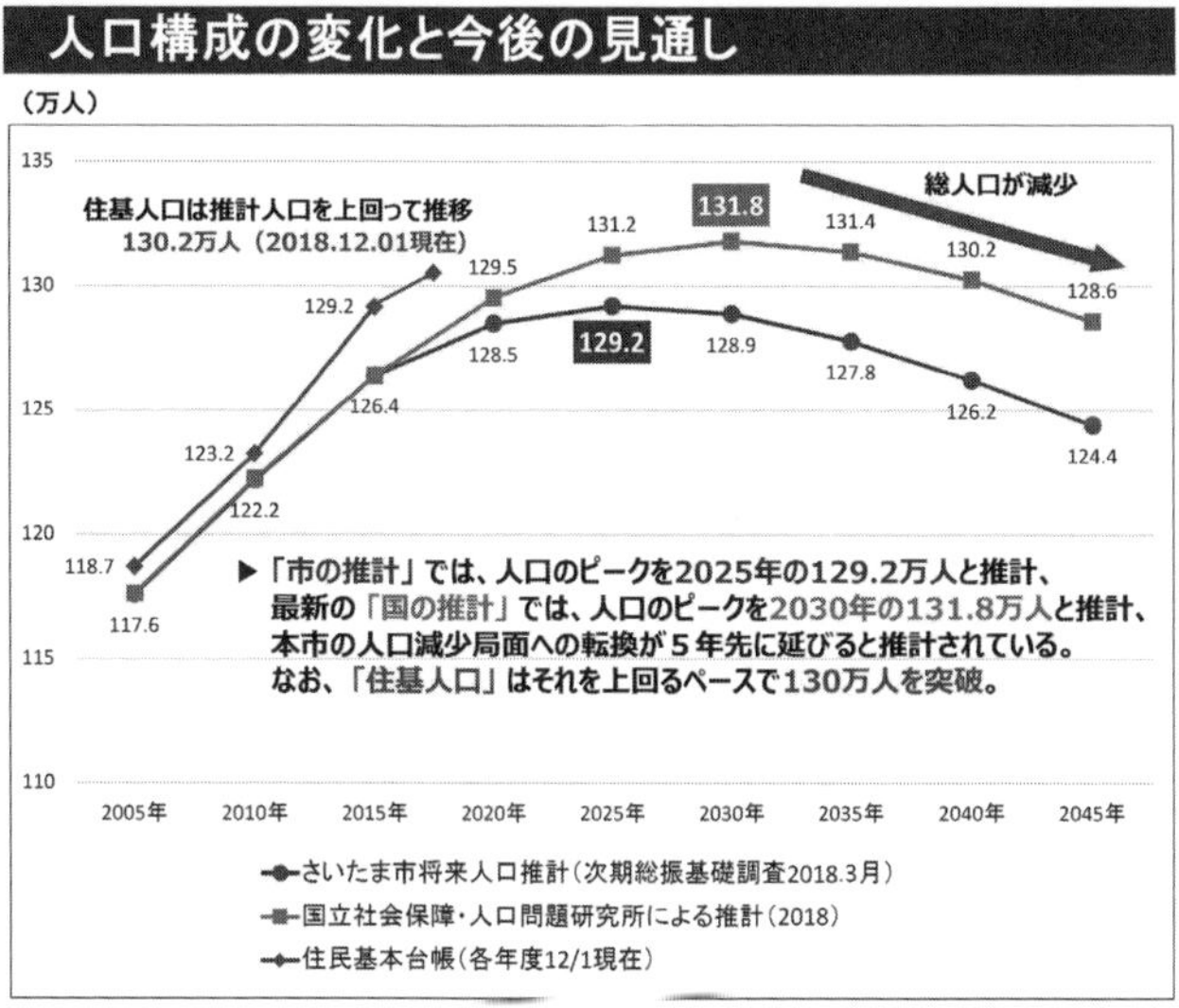
人口構成の変化と今後の見通し
（万人）
135
130
125
120
115
110
住基人口は推計人口を上回って推移
130.2万人（2018.12.01現在）
総人口が減少
131.8
129.2
118.7
117.6
123.2
122.2
129.2
126.4
129.5
128.5
131.2
128.9
131.4
127.8
130.2
126.2
128.6
124.4
▶「市の推計」では、人口のピークを2025年の129.2万人と推計、
最新の「国の推計」では、人口のピークを2030年の131.8万人と推計、
本市の人口減少局面への転換が５年先に延びると推計されている。
なお、「住基人口」はそれを上回るペースで130万人を突破。
2005年
2010年
2015年
2020年
2025年
2030年
2035年
2040年
2045年
さいたま市将来人口推計（次期総振基礎調査2018.3月）
国立社会保障・人口問題研究所による推計（2018）
住民基本台帳（各年度12/1現在）

難くないでしょう。

私は、さいたま市が抱える課題を克服し、将来にわたっても成長・発展していく「都市の持続可能性」をより確実なものにするため全力を注いでいます。

私がたびたび口にする「運命の10年」とは、人口がピークを迎えるまでの期間、人口減少が始まるまでの期間を指します。人口減少や高齢化を完全に止めることはできません。しかし、その進行をできる限り緩やかにすること、影響をできる限り少なくすることは必ずできると、私は確信しています。

「運命の10年」こそが、そのための大切な期間なのです。国立社会保障・人口問題研究所が発表した人口推計は、この考え方と私たちが実践してきたこれまでの施策が間違っていないことを明確に示しています。


では、私たちはこれから何をすべきでしょう。

私たちが実現を目指すスマートシティがその答えの一つです。都市としてのさいたま市の持続可能性を高め、将来にわたって経済活力を維持するために、さいたま市をスマートシティに成長させることが必要です。

また、「東日本の交通の結節点」「災害に強い」といったさいたま市の強みをより強化するとともに、課題を解決していく持続可能な成長性を持ち続けることが必要です。

この章では、さいたま市が抱える課題について論じていきます。

課題❶「急激な高齢化」

さいたま市の高齢化率（総人口に占める65歳以上人口の割合）は、２０１９年９月１日現在で22・８９％です。高齢化率の全国平均は28・４％（２０１９年９月15日現在推計、総務省統計局）、埼玉県平均は25・９％（２０１９年１月１日現在、埼玉県統計課）です。

高齢化率が21％を超えると「超高齢社会」とされ、さいたま市の高齢化率は国や県平均を下回っているものの、すでに超高齢社会になっています。

さいたま市の65歳以上人口は30万２１７人で、そのうち75歳以上が15万１５８６人です。すでに75歳以上人口が65歳以上人口を上回っています。

さいたま市の要支援・要介護認定を受ける方の割合（認定率）は、75歳以上で大幅に増加します。特に女性の認定率は75歳以上で伸びが大きくなり、90歳以上では8割弱となっています。こうしたことから、今後は医療介護サービスの費用が大きく膨らむことになるでしょう。

さいたま市にとって高齢化の大きな問題は、高齢者人口が増加するスピードです。首都圏を代表するベッドタウンとして発展してきたさいたま市の人口構成には、「団塊の世代」とその子ども世代「団塊ジュニア」の二つの山があり、現在40代になっている団塊ジュニア世代の山が大きいのが特徴です。

団塊の世代のすべての方が75歳以上になる2025年、超高齢社会は新たな局面を迎えます。また、二十数年後には団塊ジュニア世代も65歳以上になります。さいたま市の高齢化率は、現在はまだ全国平均や県平均を下回っているものの、急激な高齢化の波がさいたま市にやってきます。しかも、これまでの予想を上回るスピードです。

高齢化は単に人口構造が変化するだけでなく、生活基盤や産業構造にもかかわる大きな

人口構成の変化と今後の見通し

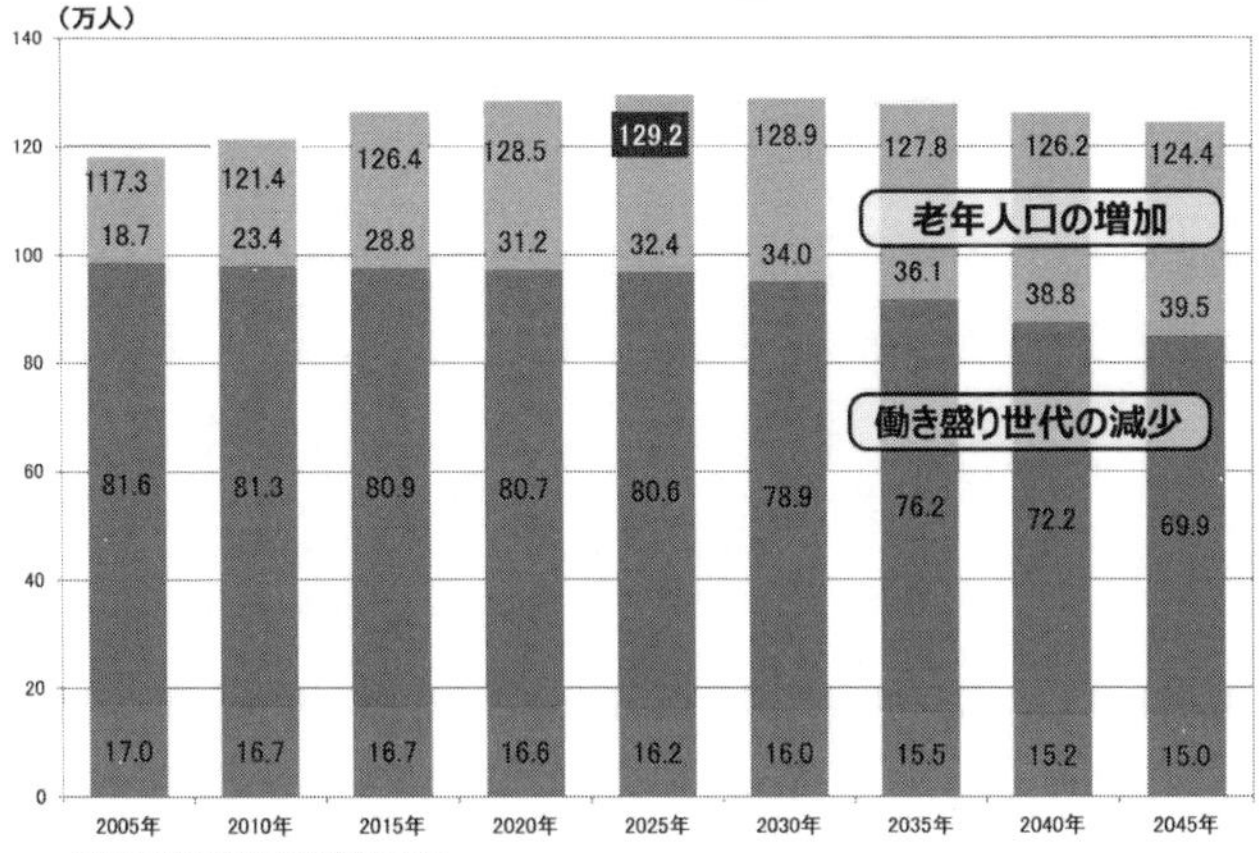

年齢区分別人口の内、2005年・2010年は国勢調査、その他はさいたま市人口ビジョンの独自推計による

課題です。その対策も医療・福祉分野に留まらず、教育、都市計画、産業政策など総合的なまちづくりを考えなくてはなりません。

こうしたニーズに対応するため、長寿応援のまちづくりや、健康を維持する健康寿命の延伸、ノーマライゼーションの理念に基づく環境整備、充実した医療提供体制の確保などにすでに取り組んでいます。

課題❷「公共施設の老朽化」

さいたま市は4つの市が合併して誕生しました。市内には学校や区役所、道路や公園、上下水道など生活に欠かせない公共施設がたくさんあります。

これらの多くは昭和40～50年代にかけて整備されたもので、半分以上が旧耐震基準の施設です。さらに築後30年以上が経過しており、老朽化が大きな問題です。

一般的に鉄筋コンクリート造の建物は築30年程度で大規模改修が、築60年程度で建て替えが必要になります。さいたま市の場合、老朽化が目立つのは学校などの教育施設や市営住宅、道路や橋などです。

例えば、「壊れたら直す」を続けようとすれば予算が足らず、施設の崩壊にもつながりかねません。とはいえ、借金してすべての施設を維持すれば、さいたま市の財政全体が破綻します。ましてや、無計画に新しい施設をつくれば維持できない施設がさらに増えてしまいます。

既存の公共施設のすべてを現状のまま維持するのは難しいでしょう。

優先順位をつけて「選択と集中」によって施設を有効に活用することが必要です。行政サービスへの需要の変化、公共施設の全市的な立地バランス、それぞれの施設の機能などを踏まえて適切なマネジメントを行う必要があります。

すでに、「公共施設マネジメント計画」と「第1次アクションプラン」を策定し、多くの公共施設を維持する費用を平準化して総額を抑えるなどの努力をしています。

これらは、これからの公共施設のあり方を市民のみなさんが一緒に考えていくためのものなので、大切な財産である公共施設をみんなで少しずつ我慢し合い、工夫をしながら上手にやりくりしていこうという計画です。

課題❸「健全な財政の見通し」

自治体の収入（歳入）は、国や県に依存しないで自主的に収入できる「自主財源」と、市債や地方交付税など自主的に収入できない「依存財源」に分類されます。自主財源である「市税」などが多いほど、私たちは自主的な財政運営ができることになります。

さいたま市の歳入に占める市税の割合は48・7％（2018年度普通会計）、政令指定都市の中では川崎市に次いで2番目に高く、「稼ぐ力」を持った都市ということができます。

さいたま市の収入の約6割を自主財源が占めています。市税収入はリーマンショックによる景気悪化などの影響で2009年は減少となったものの、以降は改善し近年は納税義務者の増加や景気の回復に伴って持ち直し、今年度はさいたま市誕生以来最高になる見込みです。

また、さいたま市が借りているお金（市債残高）は、4662億円（2018年度一般会計決算額）で、市民1人当りに換算すると35万6933円です。

全国の政令指定都市の市債残高を比較すると、さいたま市は市民1人当たりの残高が二番目（2017年度普通会計決算）に少なく、これまで市債残高の抑制を意識した財政運営を行ってきたといえます。

さいたま市の財政は、今のところ健全といえます。しかし、これから先の見通しはどうでしょうか。

さいたま市の人口は緩やかですが、しばらくは増加傾向が続くと予想されます。このことから、転入などによる納税義務者の増加、家屋の新増改築などによる固定資産税の増収などが見込めるでしょう。しかし、支出では介護や医療、福祉などの費用はすでに増加傾向にあり、今後ますます増大することはすでに指摘しました。

私が市長に就任してからの約10年間で、他の項目のほとんどが横ばい、あるいは減少している中で、児童福祉や高齢者福祉、障害者福祉などに関わる「民生費」は、2008年度の予算額が1060億円であったのに対し、今年度の予算額は約2003億円と約2倍になっています。

さいたま市の人口は2030年をピークに減少に転じることが見込まれており、人口減少と急速な高齢化が進行します。収入が大幅に減少することが予想される一方で、支出は急激に増加していくことになります。

税収を安定的に確保するためには、生産年齢人口世代とそれ以下の世代を増やしていくことが必要です。また、企業のみなさんにもさいたま市へ進出していただくことです。さいたま市は東日本の交通の結節点で、交通アクセスの良さは抜群です。また、地盤が比較的強く、台風などの自然災害が少ないのも強みです。

そして、高齢化に耐えられる社会の仕組みをさいたま市全体でつくり上げることです。健康で長生きする人を増やすことも大切でしょう。住民の皆さんが互いに支え合い、助け合う関係の中でいつまでも元気で健康に暮らし、いざという時には医療や介護サービスで対応する社会の仕組みづくりを進めなくてはなりません。

また、さいたま市の強みでもある「東日本の交通の結節点」「災害に強い」「教育」「健康・スポーツ」「環境」についても、IT（情報技術）やIoT（モノのインターネット）、人工知能（AI）などといった最新技術を活用していくとともに、蓄積したビッグデータを利活用して施策を強化していくことが、さいたま市の持続可能な発展につながっていくと考えています。

第3章

20XX年、スマートシティさいたま市

私が描く「スマートシティ創造図」

私たちは、さいたま市の副都心の一つである美園地区に「みそのウィングシティ」を開発し、このエリアの一部ですでに先端的なスマートシティを創出するための事業に取り組んでいます。これは、さいたま市の未来へ向けた先導的な取り組みともいえるもので、私は大きな期待を寄せています。

まちづくりが多様で広範囲であるように、一部のエリアとはいえ、私たちが目指すスマートシティも実に多様で取り組む分野も広範囲です。さらに、ＩＣＴ（情報通信技術）やＩｏＴ（モノのインターネット）、人工知能（ＡＩ）などといった最新技術の進歩は日進月歩ですから、うかうかしてはいられません。常に視野を広くし、アンテナを高くしていなければなりません。

私は、多くの民間企業や大学などを巻き込んで、みそのウィングシティで進んでいる一つ一つの技術やサービスをまとめ、取り組みの全体像を市民・事業者と共有していくこと、また、スマートシティとしてのさいたま市の未来都市像を総合的ビジョンとして描くためには、基本理念やコンセプト、そして大きな柱立てが必要と考えます。

基本理念・コンセプトとしては「人と人を絆で結ぶスマートシティ」であることです。スマートシティは新たな技術開発によって利便性のみを追求するのではなく、人と人のコミュニケーションやつながりを大切にし、幸せを実現するまちづくりの仕組みです。

大きな柱立てとして①スマートガバメント（電子自治体）、②スマートエコノミー、③スマートライフ（個人・コミュニティ）の三つのスマート化が必要と考えています。そして、さいたま市の課題（弱み）を解消し、強みをさらに伸ばせる分野へ特に力を入れて取り組むべきと考えています。

情報通信技術が進歩する速度を見据えながら、私たちが描く「スマートシティさいたまモデル」のビジョンと理念、そして方向性をしっかりと踏まえて取り組んでいかなければなりません。

前章では、さいたま市が抱える課題を指摘した上で、少子化と高齢化が急速に進展する中でも、スマートシティの実現によってさいたま市の持続可能性が高まり、経済活動の維持が期待できると論じました。また、本書の冒頭では「スマートシティと聞いて、どんな都市を想像しますか」と皆さんにお尋ねしました。

本章では、私が思い描くスマートシティさいたま市の将来像を論じます。さいたま市の課題を頭の片隅に置いた上で、私が思い描くさいたま市の「スマートシティ未来創造図」を読んでください。

舞台は近未来、20XX年のさいたま市です。

さいたま市の一日の始まり

さいたま市の朝は「おはようございます」の挨拶から始まります。

さいたま市のまちづくりは、人とのつながりや「絆」がテーマです。道路の配置を工夫することで、玄関のドアを開けると向かいや隣のお宅の住民同士が自然に顔を合わせるように住宅が並んでいます。また、電線類は地中化されて景観もすっきりしています。

さいたま市はこれまで、地域住民がコミュニケーションしやすい住宅街の整備を進めてきました。例えば、街区の住民が共用する「コモンスペース」を創出して、ベンチを置いたり、植栽したりしてご近所同士の井戸端会議の場になっています。電線類の地中化も、こうしたコモンスペースを利用したものです。

また、環境に優しく、健康に配慮され、災害時にも対応できる住宅の高気密・高断熱化が進んでいます。部屋ごとの温度差によるヒートショックの軽減や、結露が少なくカビなどによって健康を害することが少ない住宅が増えました。

高気密・高断熱住宅は、冬季において無暖房でも13度以下に室温が下がらないことが分かっています。さいたま市は自然災害が少ないとはいえ、万一冬季に災害が起こっても影響を抑えることができそうです。

これらは、さいたま市の「レジリエンス住宅認証」の一例です。みそのウィングシティで重ねてきた実証実験の結果を元にさいたま市が標準化したものです。住宅や街区の整備を信頼性の高い行政が認定することによって、銀行などの金融機関が金利を優遇する住宅ローン商品を相次いで開発したこともあって、全市的に普及が加速しました。

さらに、省エネ型の住宅設備、太陽光発電や蓄電池の設置を進めるために「グリーンボンド」を活用して既存の住宅にも取り組みを広げていきました。

スマートエネルギー　エネルギーの地産地消

少し視野を広げて、まち全体をみてみましょう。

かつて、原子力発電は発電コストが安いといわれた時代がありました。また、化石燃料から再生可能エネルギーへの流れの中で、さいたま市は地域で生み出したエネルギーを地域で使う「エネルギーの地産地消」へ舵を切りました。

公共施設の屋根、駅前広場やバス停などの通路用屋上シェルターなどのさまざまな場所に太陽光発電パネルが設置されています。さらに、環境に優しい再生可能エネルギーの利用は見えないところでも進んでいます。例えば、大久保浄水場から配水される水道を利用した小水力発電などもあります。また、ごみの焼却熱を活用したサーマルエネルギーセンターが整備され、電力会社の送電網を利用して直接公共施設などへ電力を供給したり、水素をつくって燃料電池自動車やバスのエネルギーとして活用したりしています。

さいたま市のスマートシティの特長の一つであるエネルギーの地産地消の取り組みを紹介しましょう。

2018年に北海道で発生した電力の「ブラックアウト」を覚えていますか。ブラックアウトは発電所が停止し、都市のほぼ全域で電力が止まる事態のことです。従来の電力系統は発電所で大事故が起きると連鎖停電につながるリスクがあります。

そこで、さいたま市は電力ネットワークを小分けにして、事故などで電力系統がダウンしても生き残れる仕組みを構築しました。

太陽光発電などの再生可能エネルギーの出力を制御する高性能インバーター「デジタルグリッドルータ（DGR）」とリチウムイオン蓄電池などが、住宅などに設置されています。コンビニや大型商業施設にもDGRを置き、一定の地域を小分けにしたネットワークで結び、電力を融通しあう仕組みです。

この技術は、さいたま市がかつて国の「次世代自動車・スマートエネルギー特区」で重ねてきた実証事業から得た知見です。当時は、住宅を使う全国初の事例として注目されました。さいたま市がいち早くスマートシティに取り組んできたからこその成果です。

住宅そのものでエネルギーの地産地消を実現する取り組みも広がりました。ユニークな例を紹介しましょう。地中熱を室内の冷暖房などに活用する住宅です。

地下10~15メートルの深さになると、年間を通して温度変化がほとんどみられなくなります。夏場は外気温度より低く、冬場は地中温度のほうが高いという温度差を利用して冷暖房などに活用する仕組みです。

このように太陽光発電システムや地中熱の利用などによって、住宅で使う電気や熱などのエネルギーをその住宅でまかなう「ゼロエナジーハウス」を、さいたま市は「レジリエンス住宅」として認証しています。

スマートセーフコミュニティ　防犯と防災

さいたま市は高いセキュリティが確保されています。市内各地域では、登下校時に地域の皆さんが子どもたちの見守り活動を続けています。それに加えて、過去のデータを分析して防犯カメラを効率的に設置したほか、公衆無線LAN（Wi-Fi・ワイファイ）や５G環境が整い、さまざまな分野で活用されています。

近距離無線通信の受信機がまちのあちこちに設置され、専用のスマホアプリも多数開発されました。例えば、子どもたちがかつてランドセルなどに装着していた防犯ブザーは、今では発信用デバイス（端末）になりました。万一の事態にはブザーがなるだけでなく、パトロール中の警察車両にも通報される仕組みです。

子どもたちが持っている端末から発信される電波を受信することで子どもの居場所が分かる仕組みで、保護者のスマホなどへ配信された居場所情報は専用アプリで確認できるので安心が広がりました。スマホを携帯する子どもたちも増えましたが、より安価で軽量な端末が人気のようです。

こうしたサービスは、認知症の高齢者の見守りにも活用されているほか、車両の自動運転システムにも活用されています。子どもや高齢者が持つ端末の電波を車両が受信することで、「車にぶつからない」社会を実現しました。

このほか、大切な家族でもあるペットの見守りや自転車の盗難防止などに利用されるようになっており、活用分野はこれからもますます広がりそうです。

また、この仕組みは防災にも活用されています。台風や豪雨、地震などが発生すると防災情報が通知され、最寄りの避難所へ誘導されます。河川の水位や気象などの情報をリアルタイムに収集し、集約して配信しています。市民の皆さんは一人ひとりが防災アプリを活用して、災害時のマイタイムラインに沿って行動し安全を確保します。

移動の革命「P-MaaS」 安全・便利な交通システム

さいたま市の都市交通システムは大きく変革しました。交通機関ごとにそれぞれ発券し支払っていた煩わしさはすでに昔の話です。スマホのアプリを操作するだけで、誰でも目的地まで容易に移動できます。子ども向け、障害者や高齢者向けなど利用する公共交通を選択して自由に乗り降りできます。利用料金は定額で、しかも安価です。

子どもや高齢者、障害者、さらには車を運転できないすべての人も、それぞれが行きたいところへさまざまな交通手段で自由に移動できるようになっています。自宅から病院、スーパーマーケットの買い物など、利用者一人ひとりの生活サイクルやニーズに応じて統合されたモビリティサービスが提供されており、オンデマンドで移動することができます。

大宮駅は「東日本のグランドセントラルステーション」と呼ばれ、首都圏と東日本、名古屋圏、大阪圏をつなぐハブステーションとしての役割を果たしています。羽田や成田の国際空港、仙台や新潟、茨城の地方空港への移動が円滑化して利用客が急増しています。また、他の公共交通への乗り換えが大幅に改善され、ドア・ツー・ドアの移動が簡単、便利になりました。人の移動だけではなく物流のハブステーションにもなっています。

さいたま市は民間事業者と連携して「P-MaaS」を構築しました。これは市内、東日本の観光やイベント情報などと連携しています。大宮駅は人とものと情報が交差する拠点になっています。さらに、集積するデータを活用することで、さいたま市は東日本の対流拠点にもなりました。

市内で開催されているツール・ド・フランスさいたまクリテリウムやさいたま国際マラソンなどの国際的なイベントには大勢の外国人観光客が訪れます。さいたま市のモビリティサービスは、こうした外国からの観光客にも大好評で、来場者数の増加にも一役買っているようです。外国人向けの短期間の定額料金も登場して人気を博しています。

また、宅配便サービスも大きく変わりました。インターネットで注目した商品や地元の商店で購入した商品がより安全に、スピーディーに手元に届くようになっています。

私は今朝、自動運転車で自宅を出ました。昨日、シェアリングの自動運転車を予約しておいたのです。電気自動車（ＥＶ）は二酸化炭素の排出量が極めて少なく環境に優しい上に、とても静かで乗り心地は最高です。

さいたま市はＥＶだけでなく、電動バイク、電動キックボード、自転車などのシェアリングが進んで渋滞や駐車場がずいぶん少なくなりました。コンビニや公共施設、商業施設などまちのあちこちにシェアリングポートがあって、ＡＩを使って配車管理しているためワンウェイ利用もできて便利です。

こうしたモビリティサービスの充実によって、さいたま市のまちは変わりました。道路には高齢者などが近距離移動に使う小型ＥＶや電動バイク、自転車などの専用通行レーンが整備され、駐車場の跡地は公園や緑地として活用されています。

シェアリングが進んだことで自宅に駐車スペースを確保する必要が少なくなり、その分居住スペースが広くなりました。交通事故も非常に減少しました。

モビリティサービスの変革がもたらしたまちの変化に国内はもちろん、海外からも熱い視線が注がれ、毎年多くの視察を受け入れています。

スマートウェルネス　健幸と地域ポイント

さいたま市は早くからポイント事業に取り組んできました。例えば、健幸度向上プロジェクトもその一つです。

早朝、自宅近くの公園にご近所の皆さんが集まってきます。皆さん、笑顔で挨拶しながらハイタッチ。ラジオ体操に参加すると付与されるポイントを楽しみにしています。体操して一汗流したら、さいたま市オリジナルのスマホアプリやＩＣ（集積回路）カードでピッ。これでポイントが貯まります。

このプロジェクトはあらゆる世代が参加しやすく、無理のない運動習慣づくりを目指すもので、ラジオ体操以外でも、自転車に乗ったり、ウォーキングを楽しんだりした時の活動量に応じてポイントが付与されます。近所にある広い大型ショッピングモール内を歩いてもポイントが貯まります。

また、運動や食について、専門家が一人ひとりに合った指導プログラムを提供するのも特長で、要介護になる機能障害の予防につながっています。血圧や血糖値、体脂肪率などの計測値を元にした管理栄養士オススメの料理レシピと材料の提案がスマホへ届きます。また、ウォーキングやジョギングのフォームを指導するサービスもあります。

ポイント付与がプロジェクト参加の強い動機になり、結果、健康で長生きする市民が増えて医療費などの抑制につながっています。

スマートスポーツタウン　スポーツを先進技術で強化

スポーツについて、さいたま市ではこれまで学校体育や部活動が中心でしたが、スポーツ少年団や総合型地域スポーツクラブ、地域のクラブやチームが中心的な役割を果たすようになりました。

令和元年にJリーグのクラブや大学、企業などと連携して「スポーツシューレ事業」をスタートしました。その中で、スポーツ医学や栄養学、メンタルヘルスなどの最先端の研究成果を応用して、発達段階に応じた練習プログラムや指導方法などが確立され、今では市内のさまざまな競技団体が活用しています。特に女子スポーツの選手育成で独自の専門的ノウハウを構築し、中でも女子サッカーの聖地として全国に知られています。

さいたま市のスポーツシューレは、地域スポーツ振興の拠点となる総合スポーツトレーニング研修センターです。特に、さいたま市では国の選手強化施設「ナショナルトレーニングセンター」と連携して、さまざまなスポーツデータと分析に基づいたトレーニング、栄養やメンタルヘルスなどの総合的な指導を受けることができます。

そのため、世界中から高い競技能力を持ったスポーツ選手がやってきます。こうした選手向けにアプリを使った総合サポートサービスもあります。動画による指導もあって、選手一人ひとりのレベルや目標に合わせたトレーニングを支援しています。

このほか、さいたまスポーツコミッションがさまざなスポーツイベントを誘致して、世界のトップレベルに触れる機会が増えました。市スポーツ協会や総合型地域スポーツクラブ、学校などの連携も進んでいます。楽しくスポーツができる機会と場が増えたことで、週1回以上運動する人の割合が80%を超え、全国トップクラスになりました。

今、スポーツやヘルスケア、医療分野のベンチャー企業が集まり、さいたま市は全国屈指のスポーツビジネスの研究開発拠点になりました。関連データを分析・活用しやすい環境と、選手強化や育成に独自のノウハウがあるからです。スマートスポーツタウンさいたま市から次々に新しいスポーツビジネスが創出されています。

スマートコミュニティ　エコライフとボランティア

さいたま市が続けている「さいたまサンデースープ」に参加すると「フードシェア・マイレージ」のポイントが付与されます。これは「おいしく減らす食品ロス」の取り組みです。家庭で余った野菜などの生鮮食材を日曜日にスープで食べると同時に、家族団らんにつなげるものです。どうしても余ってしまった食品は市内各所に設けた指定場所に持ち込むと、それに応じたポイントが付与されます。回収した食品はフードバンクを通じて福祉施設などへ寄付される仕組みです。

このほかにもゴミの減量やマイクロプラスチック削減、省エネ、自然保護活動などに取り組むとポイントが付与されます。地球にやさしいライフスタイルを広げる仕組みです。

ポイントはボランティア活動や地域活動に参加したり、シェアモビリティを利用したりしても貯まります。参加する動機になり、さいたま市では地域コミュニティの再生や地域活性化にもつながっています。ポイントに応じた表彰制度もあります。

ＩＣＴの利活用も地域活性化につながりました。自治会活動やＰＴＡ活動などの効率化や事務作業の軽減などが図れるようになったからです。

今はすっかりキャッシュレス社会になって、カードや携帯電話を端末にかざすだけで支払いができます。さいたま市では、市民の皆さんがさまざまな活動で貯めたポイントを統合し、地域通貨として使うことができます。商店街では、地域活動で貯めたポイントで買い物ができますし、福祉基金やみどりの基金などへポイントを使って寄付する人も増えてきました。

地域ボランティアとして長年活動してきた団体の皆さんに出会いました。最近、仲間たちとホームパーティを楽しんだそうです。食材は地元の商店で購入。支払いは、ボランティア活動で貯めたポイントを地域通貨として使いました。

「ポイントが使えるようになって、近所のお店で買い物をする機会が増えました。店主さんとも顔見知りだから、おしゃべりも楽しいです」

お年を召した皆さんでしたが、スマホ決済にもすっかり慣れた様子です。

スマート子育て

子育て中の若いお母さんからはこんな話を聞きました。

近所に住んでいる「ママサポーター」に一時託児をお願いしたことがあったそうです。悩んだのは、謝礼の支払いでした。

「ボランティアで子どもを預かっていただいた上に、ご近所のよく知っている方ですから、現金で支払うのでは他人行儀な気がして。その一方で、感謝の気持ちをしっかり伝えたいと思いました」

このお母さんが選択したのは、これまで貯めてきたポイントでの支払いでした。このように、買い物をするだけでなく、ありがとうの気持ちを伝えるためにも使われていることを知り、私も気持ちが温かくなりました。こうした人のつながりから、かつてママサポーターに支えられた人が、子育てがひと段落すると支える側で活躍することが増えています。

また、ＡＩが収集した子育て情報がスマホなどへ届き、子育て教室や託児付き料理教室、コンサートなどに参加する人が増えました。地域とのつながりも深まったことでストレスが軽減され、子育てをより楽しめるようになっています。

スマートエデュケーション

さいたま市では早い時期からＩＣＴを活用した教育を実践してきました。小中学生は夕ブレット端末を1人1台持っていて、授業などで積極的に活用しています。教科書はすでに電子書籍化され、ランドセルもずいぶん軽くなりました。

教育のICT化によって学習到達度が見える化され、一人ひとりの学力に合わせた学びが実践されています。理解が深まっていない単元を子ども自身が気づき、自分の学力を客観的に知ることで基礎学力の向上につながっているようです。さいたま市の児童生徒の学力は「全国学力テスト」で全国平均を上回り、政令指定都市のトップを続けています。

児童がタブレット端末で画像や動画を撮影して理科の観察をしています。また、体育の授業では投げ方や走り方をカメラ機能を使って記録し、フォームを確認しています。とても楽しそうです。ICT教育は児童生徒が自ら学ぶ力を身につけ、知的興味や思考力、学習意欲を高める「アクティブラーニング」の実践につながっています。

さいたま市はコンピュータープログラムを意図通りに動かす体験を通じて、論理的な思考力を育む「プログラミング教育」にも積極的です。幼い頃からプログラムの世界に触れることで、ITに強い人材が育っています。

ICT教育を進める一方で、さいたま市はメディアリテラシー教育にも力を入れています。家庭との協力関係を築きながら、成長段階に合わせたカリキュラムで子どもたちはウェブなどのメディアや情報との接し方を学んでいます。

一方、体験型学習プログラムもこれまで以上に充実しました。農業体験や職業体験を通じて問題意識や課題を五感で学び、地域の大人とのつながりも強めています。

こうしたことで、さいたま市は「学校が楽しい」『夢や目標がある」子どもたちの割合がさらに高まり、全国トップレベルです。

共通プラットフォームさいたま版 ビッグデータと情報銀行

20XX年、私たちの暮らしはさまざまにデータ化されています。家庭のエネルギー使用状況、商品の購買活動、交通移動の履歴などのほか、さいたま市では市民の皆さんがさまざまな活動で貯めたポイントや地域通貨の状況、健康増進のための活動量、行政情報では災害情報の閲覧状況などあらゆるデータを収集しています。

これらの情報はビッグデータと呼ばれるもので、さいたま市では「共通プラットフォームさいたま版」を通じて利活用されています。個人情報が特定されることはなく、強固なセキュリティが担保されています。

例えば、位置情報を活用して子どもや高齢者の見守りサービスが、家庭のエネルギー使用データなどからは住宅などの施設管理を最適化するサービスが登場しました。共通プラットフォームさいたま版には行政や民間企業、市民が参画し、大学などと連携してデータを解析し新しいサービスや事業を次々に生み出し、さいたま市のさらなるスマートシティ化が進んでいます。

スマートエコノミー　デジタル化と地域経済

ビッグデータの活用はかつて大企業や大型店舗の独壇場でしたが、さいたま市では多様で大量な情報の集積と、ビッグデータの自由闊達な活用を積極的に進めたことで、個人商店や地域の商店街の活性化につながっています。

ビッグデータの活用が進んだことで、地域の商店や商店街がなぜ元気になったのでしょう。その要因の一つに、ビッグデータを分析することで効率的な広告宣伝活動ができるようになったことがあります。

市内の多くの商店や商店街は、ビッグデータを分析して主な来店客が住む地域や性別、年代層などの情報を把握しています。さらに、情報配信サービスを利用して「本日のお買い得情報」をお客様のスマホへ積極的に配信するなどしています。

こうしたビッグデータの活用は、人と人が顔を合わせる関係の大切さを見直すことにつながりました。その魅力にひかれて、今では地域の人が地域のお店に足を運ぶようになったのです。

身近な商店や商店街は単に物を買う場ではなく「地域コミュニティのたまり場」になりました。商品の使い方を教わり、ご近所同士で会話を楽しみ、地域の情報を交換する場へと変化しています。さいたま市のスマートシティ化は、人に優しいまち、人間が幸せになる仕組みなのです。

さいたま市ではさまざまなビッグデータをIoTやAI、第5世代移動通信システムなどを活用して経済の活性化に取り組んでいます。特に中小企業のデジタル化の支援に力を入れてきました。産学官のオープンイノベーションの場の拡充で、農業や製造業、観光、医療、ものづくり、スポーツビジネスなどあらゆる分野で利活用が進み、新しいビジネスモデルが次々に創出されています。

スマートガバメント❶　ビッグデータと暮らし

朝、テレビをつけると「今日は危険物の収集日です」などの行政サービス情報が表示されます。また、スマホには予防接種のお知らせや商店街のバーゲン情報が届きます。

これは画一的な情報を配信しているのではありません。利用者の皆さんが登録した年齢や性別、興味のある分野などの情報をＡＩが把握して、利用者一人ひとりが必要としている情報だけを収集、個別配信しています。さいたま市らしいのは、連携が強固な東日本の掘り出し物情報が毎週届くサービスでしょうか。

こうしたプッシュ型情報配信サービスには、ビッグデータを活用してユニークなサービスも登場しています。毎日食べている食事の画像を送ると、買い物履歴や活動量などの情報を加えて分析し、不足している栄養素の摂取に必要な食材や調理方法が届きます。

スマートガバメント❷　さいたまシティスタット

さいたま市が持っている膨大な業務データなどは重要なビッグデータです。私たちはこれまで、市役所経営情報の把握と統計分析を積極的に進めてきました。その目的は、施策や事業の進行状況を把握して庁内で共有することと、それらのデータを分析して市民ニーズや課題を把握し解決を図ることです。また、その行政情報をオープンデータ化し、市民や民間企業の力によって新たなサービスが生まれています。

私たちはこうした取り組みを「さいたまシティスタット」と呼び、すでに構築していま す。さまざまな統計データとＳＮＳなどを含めた「市民の声」を定量的、定性的に分析することで行政や市民の状況をリアルタイムで把握できる仕組みで、週に１回行われるシティスタット会議で課題解決に向けて議論し、事業として実施しています。

さいたまシティスタットの構築は業務の効率化とコストダウンにつながりました。さいたま市は少子化と高齢化が急速に進行しました。厳しい財政運営を迫られる中でも行政サービスの著しい低下を招かなかったのは、さいたまシティスタットの構築によってよりタイムリーに、スピーディーに施策が展開できるようになったからです。

また、さまざまな行政手続きもテレビやスマホから行えます。市の計画や施策、事業などが分かりやすくなり、評価も手軽にできます。自分の意見を行政へ届けやすくなり参加性が向上したことで、市政への関心も高まりました。

一方、私たち行政はさまざまな情報を活用して業務の効率化を図っています。エビデンスに基づいた都市経営が可能になったことで、予算を無駄なく効率的に使えるだけでなく行政サービスコストを大幅に削減し、政策や事業の立案・運営がしやすくなりました。

スマートシティのあるべき姿

私たちは便利で賢いスマートシティを目指す中で、地域コミュニティを再生し、地域の人と人の絆を深めることになりました。

今、市内のあちこちで市民レベルの地域イベントが行われています。こうした市民の皆さんの動きを受けて、さいたま市では公園や公共施設を積極的に活用していただけるよう協力しています。

先日は子育て世代の皆さんが企画した「ナイトマルシェ」へ足を運びました。市内の農家や有名レストランが出店したこのイベントは、夕暮れからの開催にもかかわらず家族連れでにぎわっていました。

住民主体のこうしたイベントでは、市内の農家と消費者をつなぐ取り組みも進んでいます。地元で採れる新鮮で安全な農産物は市民の皆さんにとっても大きな魅力です。イベントに参加したことをきっかけに、農作業を手伝うボランティアも登場していると聞きました。都市と自然が共存した農業が盛んなさいたま市らしい取り組みだと、とても心強く思います。

地域住民が地域の農業を支える仕組みができ、さいたま市の農業はますます元気になっています。また、全校で実施している自校式給食にも地元産の野菜を積極的に使うなど地域で支え合う関係がさらに強固になりました。

２０ＸＸ年のさいたま市は、ＩＣＴやＩｏＴ、ＡＩを活用して便利で賢いだけのデジタルな都市でもなければ、チャップリンが映画『モダン・タイムス』で描いたような無機質な社会ではありません。地域に暮らす皆さんが顔見知りで、子育てや見守りなどをご近所で助け合い、支え合っているまちです。私が思い描くスマートシティさいたま市は、私が幼かった頃にあった人情味と、賢く利便性に富んだ都市の姿です。それを支えているのはデジタル化や高度な情報通信技術の進化です。

第4章

「スマートシティさいたま」の土台

日本の課題をさいたま市から

私は市長に就任以来、「市民一人ひとりがしあわせを実感できる都市」を実現するために「徹底した現場主義」などを基本姿勢として全力で市政運営に努めてきました。今年度のさいたま市民意識調査では、さいたま市を「住みやすい」と感じている人の割合が84・4％に達し、高い水準が続いています。これは、私が市長に就任した2009年度の調査から8・2ポイント上昇して過去最高です。

一方、日本は今、さまざまな課題に直面しています。

今年10月の大型で強い台風19号は、9月の台風15号に引き続き首都圏を直撃。さいたま市にも床上浸水など大きな被害をもたらし、埼玉県内をはじめ東日本各地に大きな傷跡を残しました。

国連人口部は6月、世界人口について、2057年に100億人を突破する一方で、日本の人口は2058年に1億人を下回り、2100年には7500万人になるとの推計を発表しました。これは、国連人口部が2年ごとに発表しているもので、前回は日本の人口が1億人を下回るのは2065年としていましたが、今回は7年早くなりました。

日本の人口減と高齢化は際立っています。2017年の推計では2100年の日本の人口は8450万人でしたが、今回は7500万人に下方修正されました。65歳以上1人あたりの25～65歳の「現役世代」は、現在1・8人で世界最低ですが、2050年には1・1人に減るとしています。

また、スイスの有力ビジネススクールIMDが発表した2019年の世界競争力ランキングで、日本の総合順位は30位と前年より五つ順位を下げました。比較可能な1997年以降では過去最低です。企業の生産性の低さや経済成長の鈍化などが理由で、アジアの中での地盤沈下も鮮明になりました。

日本は判断基準となる項目別で「ビジネスの効率性」が46位と低く、ビッグデータの活用や分析、国際経験、起業家精神は最下位と厳しい評価です。「政府の効率性」も38位で、巨額の政府債務や法人税率の高さなどが重しになっているようです。ＩＭＤは生産効率の向上に向け、働き方改革や人材開発を一層進める必要があると指摘しています。

このように、日本が直面している課題は、温暖化による気候変動や激甚化する自然災害への対応、人口減少と少子・高齢化への対応、国際競争力の強化など挙げればきりがないほどで、「課題先進国」ともいえる状況になっています。私はこうした事態を大変危惧しています。では、私たちは基礎自治体として何をすべきでしょうか。

その答えとして、私は国という大きな単位ではなく、まずは国民に最も近い基礎自治体、分かりやすく言えば市町村や特別区（東京23区）から日本が抱える社会的課題を解決すべきだと考えています。そして、ＩＣＴ（情報通信技術）やＩｏＴ（モノのインターネット）、人工知能（ＡＩ）などといった最新技術を最大限に活用したスマートシティを実現することで解決したいと考えているのです。

「スマートシティさいたまモデル」を海外へ

前章では、スマートシティさいたま市の未来創造図を論じました。描いたのは、はるか遠くの未来ではなく、もうすぐ手が届く20XX年のさいたま市の姿です。

そして、私たちはその実現に向けてすでに挑戦を始めています。さまざまな実証実験を積み重ね、やがてはさいたま市全域で社会実装を目指します。しかし、私たちの挑戦はそこに留まりません。私たちが目指すのは、世界に通じる「スマートシティさいたまモデル」です。私は、さいたま市で実現したスマートシティの技術や仕組み、最新技術による総合生活支援サービスといったものをパッケージにして海外へ展開することを視野に入れています。基礎自治体としてのさいたま市のこうした挑戦は、日本の国際競争力の向上に寄与するものと、私は考えています。現在、国土交通省、総務省、環境省などからも多くの補助金などを受け、国のさまざまな支援のもとに先進プロジェクトを進めています。

私は、市民生活のさまざまな場面でＩｏＴ技術などを活用することで、子どもから高齢者まで、誰もがストレスなく、安心・安全で快適・便利な都市を実現します。それでは、さいたま市が実現するスマートシティの概要を整理しておきましょう。

ＩｏＴ技術などを活用した総合生活支援サービスを提供し、日々の生活にゆとりの時間を創出することで、生活の質を向上させ、同時に少子化対策にもつなげていきます。また、親にとっても、子にとっても安心・安全な生活を提供します。

天候や荷物の有無、健康状態や体調、利用者数などといったその時々で変化する状況に応じて、最適な移動手段を選択できる「マルチ・モビリティ・シェアリング」を実装し、環境に優しい低炭素で自由な移動の自由を確保します。シェアリングする電気自動車（ＥＶ）が利用されていない時には蓄電池として活用し、まち全体で電力のピークカットにつなげます。

さまざまなサービスを一元的に管理することで、総合生活支援サービスをワンストップで提供します。また、サービスの一元化によって収集するデータを分析し、ビッグデータとして活用することで、これまでにない新しいサービスを創出します。

美園地区発展のための国庫補助等採択一覧

省庁	国庫補助等名称	さいたま市などの実施事業名	採択期間
総務省	戦略的情報通信研究開発推進事業（国際標準獲得型） ～スマートシティ分野のICTに関する公募～	スマートコミュニティサービス向け情報通信プラットフォームの研究開発プロジェクト	2016年度 2017年度 2018年度
総務省	データ利活用型スマートシティ推進事業	データ利活用型スマートシティさいたまモデル構築事業	2017年度
経産省	地域の特性を活かしたエネルギーの地産地消促進事業費補助金 （分散型エネルギーシステム構築支援事業のうち構想普及支援事業）	浦和美園地区・地産地消型再生可能エネルギー活用マスタープラン策定事業	2017年度
スポーツ庁	地方スポーツ振興費補助金（スポーツによる地域活性化推進事業）	さいたま「多世代型」地域スポーツ事業	2017年度
環境省	CO2排出削減対策強化誘導型技術開発・実証事業	電動バス普及拡大に繋がる電車回生電力を活用した超急速充電交通インフラの開発・実証	2017年度 2018年度 2019年度
環境省	CO2排出削減対策強化誘導型技術開発・実証事業	再エネ導入を加速するデジタルグリッドルータ（ＤＧＲ）及び電力融通決済システムの開発・実証	2017年度 2018年度 2019年度
国交省	住宅ストック維持・向上促進事業 （良質住宅ストック形成のための市場環境整備促進事業）	さいたま市美園地区における良質な住宅ストック維持・向上促進事業	2017年度
総務省	情報通信技術利活用事業費補助金（地域IoT実装推進事業）	世界初、他企業・自治体と協働して全国展開する共助子育て支援プラットフォーム「子育てシェア」	2018年度
総務省	情報信託機能活用促進事業	情報信託機能を活用した事業	2018年度
国交省	住宅ストック維持・向上促進事業 （良質住宅ストック形成のための市場環境整備促進事業）	さいたま市美園地区における良質な住宅ストック維持・向上促進事業	2018年度

E-KIZUNA Projectから始まった

さいたま市のスマートシティ実現への取り組みは、私が市長に就任した２００９年に始まりました。それが課題解決型プロジェクト「E-KIZUNA Project（イーキズナ・プロジェクト）」です。

二酸化炭素は温室効果ガスとしてよく知られています。さいたま市の二酸化炭素排出量は、運輸・民生部門の割合が高く全体の75％以上を占めており、自動車の使用を抑えることや、自動車そのものを二酸化炭素の排出が少ないハイブリッド車や電気自動車（ＥＶ）、燃料電池自動車（ＦＣＶ）などの次世代自動車に切り換えていくなどの対策が必須です。

イーキズナ・プロジェクトは、ＥＶやＦＣＶなどの次世代自動車の普及促進や走行環境を支えるインフラ整備などに取り組むプロジェクトです。

ＥＶは当初、①1回の充電で走行できる距離が短い、②車両価格が高い、③一般的な認知度が低いなどの理由から普及が進んでいませんでした。そこで、私たちは次の三つの基

EVのパッカー車（ごみ収集車）が登場

本方針を掲げて、このプロジェクトをスタートしました。

①充電セーフティネットの構築
②需要の創出とインセンティブの付与
③地域密着型の啓発活動

具体的な取り組みは次のようなものです。
①充電セーフティネットの構築については区役所などの公共施設、商業施設や時間貸し駐車場などの民間施設などへ充電器を設置。
②需要の創出と普及の優遇策としては、EVシェアリングやEV導入時の補助制度の創設。
③地域密着型の啓発活動ついてはEV試乗会や学校でのEV教室の実施。

充電セーフティネット構築についてはこれまでの取り組みで、急速充電器、普通充電器を合わせて280基以上を設置し、充電環境を市内に広く整備しています。

また、三菱自動車、日産自動車、ホンダ、トヨタなどの自動車メーカーと協定を結び、EVや次世代自動車の普及のためのさまざまな取り組みを進めています。

このほかにも、自治体や関係企業の首脳などによる意見や情報交換の場として、「E-KIZUNA サミット」を開催し、私が座長を務めています。昨秋に開催した9回目となる「2018サミットプレミアム」には国の3省、27の自治体、24の企業・団体、2大学の全56団体が参加しました。これまで、私たち共通の課題や対策について、国に対しても提言や要望を積極的に行ってきました。例えば、高速道路のサービスエリアへの急速充電器設置や標識板のデザイン統一などです。

また、2021年には同サミットを発展・拡充し国際化を目指した「E-KIZUNA グローバルサミット」(仮称) を開催する予定です。これは、環境保全に取り組む「ICLEI (イクレイ) ～持続可能な都市と地域をめざす自治体協議会」と連携したもので、国内外の自治体や企業、有識者などへ参加を呼び掛けます。これまでの取り組みを大幅に拡充し、国内外から300人程度の出席者を見込んでいます。

さいたま市は2013年にイクレイに加盟しました。私が昨年秋に、ドイツのイクレイ世界事務局を訪れ、サミット開催に向けて協力を要請したものです。

東日本大震災を機に都市の強靭化へ

今年9月、ラグビー・ワールドカップ日本大会は、岩手県釜石市の釜石鵜住居《うのすまい》復興スタジアムでの初戦、フィジー対ウルグアイ戦が行われました。このスタジアムは東日本大震災の被災地で唯一の会場です。

この地にはかつて鵜住居小学校と釜石東中学校がありました。その跡地に、防災機能を備えたスポーツ公園を整備し、球技専用スタジアムが誕生しました。

ノーサイドの笛とともにスタジアムはどよめきで揺れました。ウルグアイが格上のフィジーを倒す熱戦に、被災者の皆さんは自らの復興の姿や夢を重ねたのでしょう。仲間を信じて体をぶつけ、ボールをつないでいく姿は復興そのものでした。

東日本大震災の被災地を視察（2011年）。EVを被災地へ貸し出し、復興の足を支援しました

8年前の2011年に発生した東日本大震災は、私たちの取り組みにとっても大きな節目になりました。福島第一原子力発電所事故による計画停電、ガソリン不足などが発生し、安定的な市民生活の維持や、企業の事業継続などに支障をきたしました。

こんなエピソードがあります。地震直後、市内は広範囲に停電しました。各区に配備していたEV（青色回転灯パトロールカー）が巡回して対応に当たっていたところ、地域からこんな声が上がりました。

「住民が停電で困っている時に、電気自動車とはどういうつもりか」

EVの普及に立ち込める暗雲のようでした。しかし、ライフラインの中で電気がいち早く復旧したことで、EVは見直されます。ガソリン不足にあえぐ被災地へさいたま市はEVを貸し出し、復旧活動を支える足として活躍しました。

また、EVは「動く蓄電池」としても注目されるようになり、「災害に強い自動車」としても関心が集まるようになりました。

こうしたことから、私たちの取り組みは温室効果ガスの削減に加え、災害時にも致命的な被害が出ない強さと速やかに回復するしなやかさを兼ね備えた災害に強い、強靭なまちづくりを推進することになりました。

さいたま市はこの年の12月、「次世代自動車・スマートエネルギー特区」として国から地域指定を受けました。都市に与える影響を最小限にとどめ、都市としての機能を維持しながら、しなやかに復活できる力（都市のレジリエンス）の強化を進めています。

国の特区指定、三つの柱

次世代自動車・スマートエネルギー特区では、次の三本の柱を中心に取り組みを進めています。

①ハイパーエネルギーステーションの普及
②スマートホーム・コミュニティの普及
③低炭素型パーソナルモビリティの普及

ハイパーエネルギーステーションとは、平時、水素や電気をはじめとした多様なエネルギーを供給し、災害時にも、その供給能力を維持継続するステーションを整備するものです。

水素ステーションについて紹介します。2014年、世界初の小型水素ステーション「スマート水素ステーション」を東部環境センター（見沼区）に設置しました。これはホンダと岩谷産業が開発したもので、ごみ焼却の排熱で発電した外部電力を使って水を電気分解して水素を取り出す設備です。さいたま市は両社と連携して、この実証実験に取り組んできました。

2016年には東京ガスの浦和水素ステーション（桜区）が営業を開始しました。これは、さいたま市が計画段階から連携してきたもので、東京ガスの天然ガススタンド「浦和エコ・ステーション」に併設されています。都市ガスから製造した水素を燃料電池自動車に充填する「オンサイト方式」です。

また、水素製造装置を持たない「オフサイト方式」では、エネオスの「さいたま見沼水素ステーション」（見沼区）があり、こちらは移動式です。

各種エネルギーを集約することで設備の運用コスト低減につながり、災害時にはエネルギー供給拠点として利用できるメリットがあります。

さいたま市は、こうした機能を持つハイパーエネルギーステーションを整備しており、

浦和水素ステーションの開所式

災害時にはそこからＥＶやＦＣＶを活用してエネルギーを避難所などへ運び、オフラインによるエネルギーセキュリティを確保します。

スマートホーム・コミュニティとは、低炭素で災害に強く、地域住民のコミュニティや地域の絆を育む先進的な「環境タウン」を目指すものです。「スマートホーム・コミュニティ先導的モデル街区」第1期を２０１７年に整備しました。

街区の住宅は省エネ、創エネ設備の導入に加え、北海道の断熱基準に相当する厳しい基準「ＨＥＡＴ20さいたま版グレード２」に適合した高気密・高断熱の建物です。冬季に暖房がなくても室温をおおむね15度に保ち、13度を下回らない設計になっていて、平時には温度差で起こるヒートショックの発生を、災害時には低体温症の発症を抑制します。

また、各住宅敷地の一部を互いに拠出することで、住民の皆さんが共用する「コモンスペース」を創出し、地域コミュニティの醸成や将来にわたる景観の形成、災害時の多方向避難路の確保など地域のレジリエンスを実現しています。さらに、コモンスペースを活用して街区の無電柱化も実現しています。電線類などの地中化は通常の6割程度の費用で整備ができています。

第2期のモデル街区では、環境省の事業として日本初の電力融通と電力識別を自動で行うシステム「デジタルグリッドルータ（ＤＧＲ）」を搭載した実証実験を行っています。

低炭素型パーソナルモビリティでは、国土交通省の「超小型モビリティ導入促進事業」として本田技研工業、本田技術研究所と協力・連携。高齢者や子育て世代が抱える都市部での移動に対するさまざまな課題、運輸部門における低炭素化の解決などに取り組み、新しい社会交通システムとして期待されている超小型モビリティの普及を推進しました。

具体的には、超小型ＥＶなどを活用した新しい社会交通システムの可能性を検証するため、大宮駅周辺でワンウェイ型のカーシェアリングの社会実験を実施したほか、さいたま新都心駅東口の自転車等駐車場を起点に通勤利用者を対象として、本田技研工業やヤマハ発動機と連携したＥＶバイクのレンタルとバッテリー交換サービスを提供する実証実験を行いました。

国連の「ＳＤＧｓ」採択以前から

国連は２０１５年の総会で、持続可能な開発のために「性の平等」や「飢餓を無くす」など２０３０年までに達成すべき17の目標を「持続可能な開発目標（ＳＤＧｓ）」としてまとめ採択しました。

今年９月、国連本部で「持続可能な開発目標（ＳＤＧｓ）」に関する初の首脳級会合が開かれ、国連に加盟する約１９０カ国・地域が参加しました。採択された共同宣言には、持続可能な世界の実現に向けて、多くの分野で「進捗の遅れ」がみられると明記され、危機感が共有されています。

私はＳＤＧｓについて、私たちの世界は「つながっている」、その起点は「私たち一人ひとりの行動である」という理解が大切だと思っています。

さいたま市は「E-KIZUNA Project」「次世代自動車・スマートエネルギー特区」の取り組みで土台を構築し、国連がＳＤＧｓを採択した２０１５年からは、環境・エネルギー分野という枠を超えて、住・食・医療・健康・交通・観光など地域社会を構成する主要分野を包含するプラットフォームの構築に着手しました。

これは、SDGsが示す持続可能な世界を目指すものであり、さいたま市は国連がSDGsを採択する以前からその取り組みを始めていました。さいたま市が目指す理想都市の縮図である「スマートシティさいたまモデル」は、市民生活のあらゆる分野をつなぐもので、その起点は市民の皆さん一人ひとりの行動です。

第5章

「スマートシティさいたまモデル」への道のり

みそのウイングシティで創出するスマートシティ

さいたま市は、副都心の一つである美園地区に「みそのウイングシティ」を開発し、このエリア内の一部に先端的なスマートシティの創出に取り組んでいます。

美園地区はさいたま市の東南部、東京都心から25キロ圏の郊外に位置しており、埼玉高速鉄道線「浦和美園駅」を中心に大規模な都市開発が進むエリアです。埼玉スタジアム2〇〇2公園を囲みながら、総面積約320ヘクタール、計画人口約3万2千人のみそのウイングシティを核に新たな都市拠点づくりが進行しています。

みそのウイングシティでは学校やコミュニティセンターなどさまざまな生活基盤整備を進めています。2001年にオープンした埼玉スタジアム2〇〇2はサッカー専用スタジアムで、浦和レッズのホームグラウンドです。イオンモール浦和美園は2006年にオープン。2012年にはさいたま市立美園小学校が、また2019年には美園北小学校、美園南中学校が新たに開校しました。

エリア内の現在の人口は約1万3千人で、住宅開発によって増加中です。また浦和美園駅の乗降客数は開業当時と比較して6倍以上に増えています。

地下鉄7号線の延伸とまちづくり

美園地区やみそのウイングシティを論じるにあたり、地下鉄7号線（埼玉高速鉄道線）の延伸についても触れておく必要があります。

地下鉄7号線（埼玉高速鉄道線）の延伸について、以前のさいたま市は可能性について検討するという考え方でしたが、私が市長に就任して「延伸を前提に課題を一つ一つ解決する」という前向きな方針に舵を切りました。

地下鉄7号線の延伸区間は、埼玉高速鉄道の浦和美園駅から東武アーバンパークライン（野田線）の岩槻駅までの約7・2キロです。鉄道やまちづくりの専門家からなる「地下鉄7号線（埼玉高速鉄道線）延伸協議会」による採算性の試算では、設定した五つのケースのうち二つのケースで、国の補助を受けられる目安を満たしたとしています。

ただし、この試算は沿線人口の増加や快速運行などを前提としており、その実現が課題となります。

私は、さいたま市の副都心に位置づける美園地区と岩槻駅をつないで、その沿線周辺のまちづくりを推進していくために、地下鉄7号線の岩槻延伸と浦和美園駅、また岩槻駅周辺のまちづくりは車の両輪であると考えています。駅周辺や沿線の定住人口や交流人口を増やすことが重要で、交流人口については、浦和美園駅周辺の病院や商業施設などの利用者、埼玉スタジアム2〇〇2の観戦者などの増加に期待しています。また、岩槻駅周辺では新たに誕生する岩槻人形博物館やにぎわい交流館いわつきなどの「新名所」に期待が高まります。

岩槻延伸はすでに検討から実行段階に入っています。埼玉県には大野元裕新知事が誕生しました。実現に向けては埼玉県及び関係自治体や機関の理解と協力が不可欠です。建設費や事業主体などの課題克服について、埼玉県などと協議していきたいと考えています。

浦和美園の都市デザイン戦略図

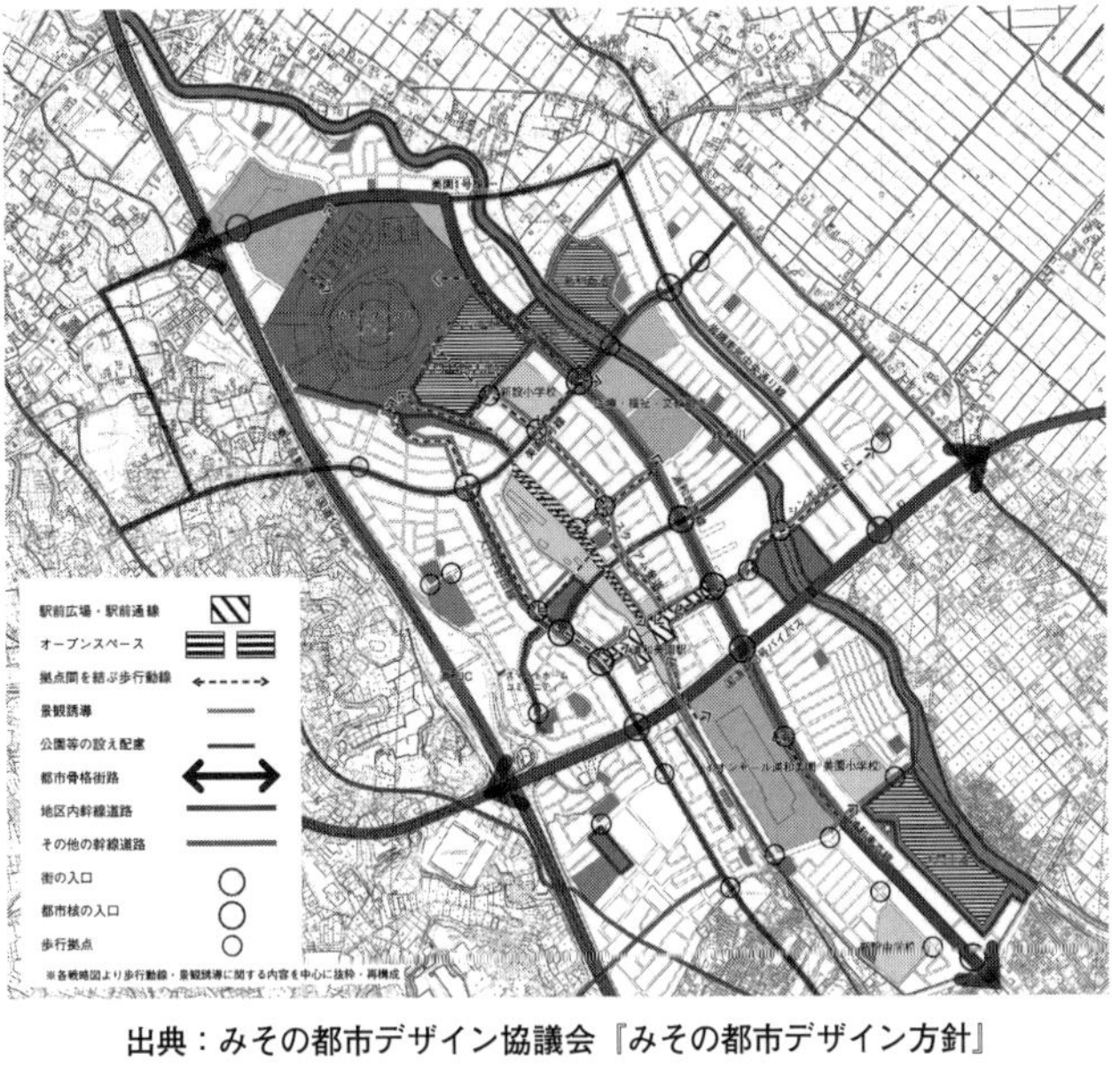

出典：みその都市デザイン協議会『みその都市デザイン方針』

アーバンデザインセンターみそのの開設

さいたま市は「市民や企業から選ばれる都市」を目指しています。美園地区もさいたま市の副都心に相応しい新しい市街地として、夜間人口だけでなく昼間人口、交流人口の増加を図る必要があります。

スマートシティの土台となる「次世代自動車・スマートエネルギー特区」にかかわる事業を、みそのウイングシティを舞台として取り組んできました。ハードとソフトが一体となったまちづくりを加速するため、私はさいたま市の重点施策をまとめた「しあわせ倍増プラン２０１３」に拠点の設置を位置づけました。こうして２０１５年10月に開設したのが、まちづくりの情報発信や活動連携の拠点となる「アーバンデザインセンターみその(UDCMi)」です。

これに前後して、２０１５年８月には総合生活支援サービスや地域プロモーションなどソフト分野の企画や実証、事業化などに取り組む「美園タウンマネンジメント協会」が設立され、翌年3月には交通環境などのハード分野の検討や調整を行う「みその都市デザイン協議会」が設立されました。

この団体はそれぞれ行政、民間企業、大学など「公民+学」が分野の枠を超えてオープンかつフラットに連携しているのが特長で、最先端の技術や知見を生かしながら、新しい地域サービスの創出や地域ブランド力の増進に取り組んでいます。

さらに、その活動拠点となるUDCMiを管理運営する「一般社団法人美園タウンマネジメント」がそれぞれの事務局に関わり連携をコーディネートしています。

「さいたまモデル」と美園タウンマネジメント協会

美園タウンマネジメント協会は、美園地区の新たな価値を創造して、市民や企業から「選ばれるまち」になっていくために、新しい地域サービスやプロモーション事業など次世代の地域マネジメントモデルの構築に取り組んでいます。

目指すのは「スマートシティさいたまモデル」の構築と発信です。それは、美園地区の広域交通の利便性に恵まれた立地を生かしつつ、優れた自然環境と共生し、多様な創造的交流にあふれ、安心・安全で健康・快適なライフスタイルを体現するものです。その実現へむけて、環境・エネルギー、交通、子育て・教育、健康・スポーツなど暮らしのあらゆる分野において、最先端の技術や知見と地域コミュニティの活力を組み合わせたプロジェクトや社会実装のための実証、事業化などに取り組んでいます。

私は、みそのウイングシティで始まったスマートシティの取り組みを、「スマートシティさいたまモデル」としてさいたま市全域に広げ、やがては他の自治体や海外へも広げていきたいと考えています。

スマートシティ化始動、美園の今

一般的にいうスマートシティは、ＩＴ（情報技術）やＩｏＴ（モノのインターネット）、人工知能（ＡＩ）などといった最新技術を「環境・エネルギー分野」の管理に活用することで、生活の質や都市サービスの効率を高めて都市の競争力を向上し、「経済・社会・環境」

の観点から継続的に需要を満たす都市とされています。

さいたま市は、環境・エネルギー分野では「E-KIZUNA Project」「次世代自動車・スマートエネルギー特区」の取り組みでスマートシティの土台を構築しました。さらに、私たちの取り組みはその分野に留まらず、２０１５年からは住、食、医療、健康、交通、観光など地域社会を構成する主要分野を包含したプラットフォームをつくり、「スマートシティさいたまモデル」の構築を目指しています。

今、美園地区をモデル地区としてスマートシティの実現に向けたさまざまな企画やサービス事業、実証実験が進んでいます。それは、さいたま市が目指す「理想都市の縮図」ともいえる試みです。将来は、その技術や知見などの成果を「スマートシティさいたまモデル」としてまとめ、パッケージ化して全国の自治体はもちろん、世界へ発信・展開するのが私たちの考えです。

第3章で、私が思い描く２０ＸＸ年のスマートシティさいたま市を論じました。さらに、その世界が近未来のさいたま市の姿としました。では現在、美園地区でどんな取り組みが進んでいるのでしょう。理想都市の縮図とはどんなものなのでしょうか。すべての取り組みを紹介するにはとてもページが足りません。そこで、最新の取り組みの中から、特にメディアなどから注目されている事業を紹介します。

住宅を賢く、地域をスマートに

私たちは、美園地区のみそのウイングシティにスマートホーム・コミュニティのモデル街区整備を２０１６年から進めています。２万１４２４平方メートルの面積に四つの街区、およそ１３０戸を整備する計画です。

ステップ１の対象街区の街びらきはすでに完了しました。住宅の特長は、高気密・高断熱化を実現したことです。さらに、太陽光発電設備やガスと電気を使い分けて湯を沸かすハイブリッド給湯器などの省エネ・創エネ設備を導入しています。

高気密・高断熱性能は、北海道の断熱基準に相当する厳しい基準「ＨＥＡＴ20さいたま

スマートホーム・コミュニティのモデル街区の街びらき

未来のまちの夢をのせて、風船を飛ばしました

版グレード2」に適合しています。冷暖房に頼り過ぎることなく快適な室温を保ちやすくなります。例えば、冬季に暖房がなくても室温をおおむね15度に保ち、13度を下回らない設計で、災害時には低体温症の発生を抑制し、平時には温度差で起こるヒートショックを軽減するほか、結露が起こりにくくカビの発生を抑制するなど健康にも配慮されています。また、冷暖房にかかるエネルギー使用で発生する二酸化炭素の排出を抑えることができます。

また、街区には住民の皆さんが共用する「コモンスペース」を創出しました。これを活用して電線を地中化したほか、住民の皆さんが集う場所をつくり普段から顔が見える関係を醸成できるよう工夫されています。

ステップ2の対象街区では、高性能インバーター「デジタルグリッドルーター（DGR）」を使って電力を融通する次世代エネルギーシステムの実証試験が始まっています。

昨年九月の北海道地震で道内の発電所が停止し、ほぼ全域で電力が止まる「ブラックアウト」が発生しました。従来の電力系統は発電所で大事故が起きると連鎖停電につながるリスクがあります。DGRは電力ネットワークを小分けにすることで、事故などで電力系統がダウンしても生き残れる仕組みです。

実証実験は街区内の住宅とイオンモール浦和美園、市内のコンビニエンスストアを電線でつなぎ、太陽光発電の電力を融通し合う環境省の実証事業で、住宅を使った実証は全国初と聞いています。

街区内の住宅には太陽光発電施設と、太陽光発電などの出力制御ができるDGR、リチウムイオン蓄電池を設置します。イオンモール浦和美園敷地内にも太陽光発電施設とDGR、市内のコンビニエンスストア5店舗にもDGRを置き、自営線でネットワーク化。実際に入居者が暮らす住宅間で蓄電池の残量に応じて電力を融通し合います。

ステップ3では、ステップ1・2の機能に加え、全戸を自営線でつなぎ、四つのセルに分けてセルごとに太陽光発電＋蓄電池、太陽光発電＋EVなど四つのパターンで電力の融通を実現します。それによりさまざまな状況に対応した低炭素化とエネルギーセキュリティ確保の仕様を確立します。

この対象街区の街びらきは2021年春の予定です。

個人データの価値測定「情報銀行」

美園タウンマネジメント協会は企業や大学と連携し、市民の皆さんから提供された購買履歴や健康診断結果などの個人データを見える化し、その価値を測る実証実験を始めています。

これは、協力いただける利用者の同意を得て個人データを収集し、企業などへ提供する「情報銀行」の実用化に向けた取り組みの一つです。データの価値を測定することで、データを購入した事業者が収益を上げながら、利用者の皆さんにとって有益なサービスを持続的に提供できる仕組みを整えるねらいがあります。

これに先立って私たちは昨年、初めて総務省の情報信託機能活用促進事業のモデルとして、個人データの管理や利活用方法を検証し、データ提供者に最適な健康関連サービスを提供する「ミソノ・データ・ミライ」プロジェクトに取り組みました。これは「さいたま市みんなで健康ＷＡＯＮ（ワオン）」カードを活用し、個人データを用いた住民サービスの向上を目指す新たな取り組みです。このプロジェクトには約６７０人の皆さんがモニターとして参加し、買い物や各所に設けた体組成計・血圧計で測定したデータを提供していただきました。

企業などによるビッグデータの利用が広がるなかで、個人データの提供に不安を感じる人は多いと思います。さいたま市が実証実験にかかわることで不安を解消しながら利活用を推進し、住民サービスの向上につなげたいと考えています。現在取り組んでいる実証実験では、データの価値を測定する目標を掲げ、収集するデータの種類も増やします。

情報銀行は、利用者（消費者）が自分のデータを提供する代わりに事業者からサービスなどの対価を受けられる仕組みです。一方、事業者側には個人データを活用して消費者個人が必要とするサービスを一人ひとりに最適化して提供することで、収益増が期待できるという利点があります。こうしたことから、情報銀行への参入に向けて大手銀行や通信事業者などが準備を進めています。

ただし、現在はデータの相場がなく、その価値が定まっていません。私たちの実証実験では、データを提供するコストと、事業者が購入したデータを利活用して得られる収益を分析することで、データをいくらで売買するのが妥当なのかを検証します。

実証実験では、美園地区の皆さんを中心に約100人の個人データを集めます。大型商業施設や損害保険・生命保険会社などの企業、筑波大学大学院などの研究教育機関のほか、撮影した動画から歩行指導する技術を持つ企業や栄養分析アプリを提供する企業が参画しています。収集するデータは、年齢や身長、クレジットカードやWAONを使って購入した商品の履歴、健康診断の結果や体組成データ、活動量データ、さまざまなセンサーを設置した「スマートホーム」などから取得した室内の空気質、睡眠データなども集めます。データは美園タウンマネジメント協会が管理する情報共通基盤「共通プラットフォームさいたま版」に集められます。もちろん、情報を提供する皆さん（住民）は自分が提供する情報の範囲や提供先を選ぶことができます。

例えば、小売り事業者が食材の購買履歴の個人データを購入して顧客の嗜好を分析し、

美園地区で個人データの利活用へプロジェクトが始動しました

健康を増進する最適な商品やレシピを個人個人へ勧めて、収益を得やすくします。また、保険会社は生活習慣と健康状態の相関を分析し、リスクに応じて保険料を細分させる商品を開発するなどの可能性を探ることや、行動をアプリで改善させることを目指します。

情報を集約、蓄積するプラットフォーム

米国のＧＡＦＡと呼ばれる４社、グーグル、アマゾン、フェイスブック、アップルは多くの日本人にとっても身近な企業です。ＧＡＦＡのサービスや製品がない生活は考えられない、という人もいるでしょう。

これら４社は個人データを集約・蓄積し、分析して活用するプラットフォーマーとも呼ばれます。ＧＡＦＡは販売や広告などのビジネスを展開したり、情報発信したりする際のサービスやシステムといった基盤（プラットフォーム）を提供するＩＴ企業です。

また、プラットフォームは、集約され蓄積される情報とプラットフォーム利用者間の相互作用によって、より高い価値を創造する仕組みです。

例えば、私がネットショッピングの際に個人情報を入力することで、買い物をした私の特徴が事業者へ提供されます。すると、私のスマホに「あなたの買い物傾向から」というように商品が次々に表示されるようになって、買い物を促すといった仕組みです。

さいたま市がスマートシティ化を進める上でも、こうしたプラットフォームが必要です。そこで、情報共通基盤「共通プラットフォームさいたま版」を構築し、先述した「ミソノ・データ・ミライ」プロジェクトなどですでに活用しています。

このプラットフォームは、さまざまな事業者がばらばらに提供しているサービスや情報を一元的に管理して、利用者の皆さんへ提供することで、暮らしの利便性を向上させるものです。特定のデバイス（端末）やメーカーを問わず利用が可能で、スマホやパソコンを使わないという人のためにはテレビ画面からも利用できるようにすることを検討しています。

「共通プラットフォームさいたま版」の強みを、先述した「情報銀行」の取り組みを例に説明します。ＧＡＦＡのプラットフォームとは異なり、「共通プラットフォームさいたま版」はリアルな生活のデータを集積するのが特徴です。しかも、相当精緻な分析が可能で、事業者は利用者（消費者）一人ひとりに最適化した情報発信ができるようになるでしょう。それはビッグデータ利活用の事業化を視野に入れているからで、将来は企業の投資対象にもなると考えています。

子育てを「スマート」に応援

「共通プラットフォームさいたま版」を活用した取り組みを紹介します。

美園タウンマネジメント協会は、子育て世帯が生活情報・サービスを一元的に活用できるスマホアプリを提供しています。このアプリは「美園子育てスタイルBambi（バンビ）」です。独自に開発した全国初のＡＩ（人工知能）「クロールエンジン」が、美園地区の近隣地域にある子育て世代に親しみのある大型商業施設や公共施設などから、キーワードをもとに子育て世帯向けの情報を抽出して、アプリを利用する人のスマホへ毎日自動で配信しています。

地域のイベントや子育て支援、親子で楽しめる体験会などの情報のほか、身近な暮らし

全国初！ AIが最新の子育てイベント情報を毎日配信します。
「美園子育てスタイルBambi」

のスポットや新たに提供されるサービスの紹介、医療機関情報、防犯・防災情報などがあります。これまでは、利用者がさまざまなサイトを手動で検索して必要な情報を取得していましたが、ＡＩを活用した配信によって高速で大量な情報を自動で入手することができます。

また、手助けの必要な子育て世代が、いつでもインターネットで子育て経験者にＳＯＳを発信できる実証実験が始まりました。それが、子育て共助支援プラットフォーム「子育てシェア」です。

専用アプリで登録すると、買い物や在宅の仕事で子どもの面倒をみる余裕がない時の託児や、幼稚園や保育園の送迎などのために、子育て経験のある「ママサポーター」が駆けつける仕組みです。ママサポーターは登録制で地域の人やご近所の人を想定しており、事前に託児研修を受けていただきます。ママサポーターには託児や送迎など支援可能な分野や時間帯を登録していただくため、急に支援が必要になった場合でも、該当するサポーターがいれば呼ぶことができます。

この事業は、ママサポーターの育成と子育て世代の利用登録を推進する段階ですが、すでに利用している子育て世代もいらっしゃいます。見知らぬママサポーターに子どもを任せるサービスでもあり、安心・安全をどう担保するかが課題です。親子交流会を開催するなど、顔が見える仕組みを構築したいと考えています。

地域ポイントが人、地域をつなげる

美園タウンマネンジメント協会は、さいたま市やイオンなどが参加して、イオンの「ご当地WAONカード」を活用した地域ポイント事業「たまぽんポイント」を始めました。実施エリアは美園地区と岩槻地区です。

さいたま市とイオンは2016年に包括連携協定を結び、ご当地WAONカード「さいたま市みんなで健康WAON」を発行しており、皆さんの利用金額の一部がさいたま市の健康増進とスポーツ振興事業に役立てられています（WAONの利用のみ）。

このカードをたまぽんポイントの記録媒体として活用します。買い物100円ごとに1

ポイントが貯まる仕組みで、1ポイント1円として加盟店で使えます。さらに、地域活動やイベントに参加することでもポイントが貯まるほか、美園地区で実施されている「みその健幸マイレージ」やさいたま市全域で取り組まれている「フードシェア・マイレージ」などとの連携も進んでいます。

みその健幸マイレージは、自転車活動量を歩数に換算できる専用の活動量計を身につけて計測。データを専用機で読み取って活動量に応じて健幸ポイントが付与されます。「フードシェア・マイレージ」は、家庭で余った食品をアーバンデザインセンターみそのなどに常設された窓口に持ち込むと、内容量に応じてポイントが付与されます。

さいたま市の場合、住民の皆さんは市外で買い物をすることも多く、地域ポイントを地元で使う仕組みをつくることで、地域内の経済循環を促すねらいもあります。

また、美園地区は宅地開発が進み、子育て世代を中心に転入超過が続いています。たまぽんポイントを貯めたり使ったりすることで、地域コミュニティに参加するきっかけにしてほしいと思います。

一方、岩槻地区の人口は減少傾向で、高齢化も進んでいます。たまぽんポイントの利用

地域ポイント「たまぽん」で買い物ができます。美園地区と岩槻地区で始まりました

を通じて、美園地区の皆さんが岩槻地区を訪れるきっかけになれば、両地域の交流人口が増える効果も期待できると思います。

市内初、公道で自動運転バス実験

今年9月初旬、埼玉高速鉄道浦和美園駅の周辺で、自動運転バスの実証実験が行われました。さいたま市内では初めての公道実験です。群馬大学や埼玉高速鉄道が共同で実施したもので、公共交通手段の一つとして活用する可能性を検証するのがねらいです。

事前に申し込んだ市民の皆さんを含めて400人ほどが試乗され、私も乗せていただきました。左折や車線変更もスムーズで、安全をさらに確認し近い将来に実用化できる可能性を実感しました。

実験走行ルートは浦和美園駅と埼玉スタジアム2〇〇2のほか、病院建設予定地や大型ショッピングモールを通る約4・5キロで、最速25キロで30分走らせました。運転手が安全監視役として乗車して手動運転にも切り替えられる「レベル2」という段階での実験で、

美園地区で、市内初の公道での自動運転バス実験が行われました

無人走行の「レベル4」を目指すとしています。

美園地区は子育て世代を中心に人口が増えており、マイカー利用が活発で公共交通の充実を求める声があります。一度に大人数を運べるバスの自動運行やオンデマンドで利用できるモビリティは、子育て世代や高齢者の皆さんの足として活用できるものと期待しています。

公有地活用で、自転車シェア普及

ここまで美園地区で進んでいるスマートシティの取り組みを紹介しましたので、最後にさいたま市全域で進んでいる話題を紹介します。

今、街中に置かれた自転車や車を共同利用するシェアリングが人気です。民間のサービスも相次いで登場しており、利用者が右肩上がりで増える中、原付きバイクや電動キックスクーターなど、利用する乗り物の多様化も進んでいます。

さいたま市は、2013年に大宮駅の半径3キロ圏内で「さいたま市コミュニティサイ

自転車のシェアリングが人気です。市内にはサイクルポートが270カ所以上、1500台以上の自転車が走っています

クル」というシェアサイクル事業を始めました。利用者が年々増え、サイクルポート（専用駐輪場）が足りないほどの人気です。

昨年からは、シェアサイクルのさらなる普及に向けて、電動アシスト付自転車を使い、公有地にサイクルポートを設置する実証実験を始めました。運営事業者にサイクルポートを無償で貸し付けて整備や管理を任せる一方で、利用データを提供していただきます。その効果を検証して、まちづくりや交通政策へ応用する考えです。

専用のスマホアプリや運営事業者が発行するカードを使い、自転車の貸し出しや返却が自由にできる仕組みで、市内全域にあるサイクルポートは、これまでに運営事業者が設置したものと併せて270カ所以上、1500台以上が走っています。自宅近くの見沼区役所にもサイクルポートがありますが、たいがい利用中で自転車がありません。市民の皆さんがいかに活用しているのか実感しています。

運営事業者の分析によれば、サイクルポートを設置したコンビニでは売り上げ増につながっており、サイクルポートはますます増えていくでしょう。そこで課題になるのが、バッテリーの充電です。自転車のセンサーでバッテリー残量を把握し、現在は人の手で交換していますが、非接触型充電器の導入を進めています。

私たちが目指しているのは「マルチモビリティシェアリング」です。その時々の状況に応じて利用者に最適で、低炭素な乗り物を選択して活用する仕組みです。まずはEVバイクを導入し、将来はEVにまで選択肢を広げる考えです。

強い意志で、2021年国際会議へ

さいたま市が目指すスマートシティは市民生活を構成するさまざまな分野が対象になります。また、役所には「縦割り」という組織文化があります。スマートシティさいたまモデルの構築には関係セクションの強固な連携が重要で、そのために首長である私の強い意志が必要です。私は、さいたま市が理想とすべき都市の姿、スマートシティさいたま市の姿を強く発信しています。

美園地区では「公民+学」の連携体制が整い、さまざまな技術や知見を積み重ねながら社会実装が進んでいます。これが、私が理想とする都市の縮図です。やがてスマートシティさいたまモデルとしてさいたま市全域で実装し、他の自治体へ、そして世界へ発信していきます。

２０２０年には東京オリンピック・パラリンピックが開催されます。さらに、さいたま市が合併20周年を迎える２０２１年には国際サミット「E-KIZUNA グローバルサミット」（仮称）が予定されています。私たちは今、これらの場でさいたま市のスマートシティや環境にかかわる先進的な取り組みを世界へ発信しようと準備を進めています。

私がいう「先進的な取り組み」とは、最先端技術を活用して便利で快適になっただけのデジタルなさいたま市の姿ではありません。人と人が、人と地域が絆で結ばれた真の意味で「賢い」スマートシティを世界へ発信したいと考えています。

どうぞご期待ください。

E-KIZUNAサミットプレミアム宣言をとりまとめました

特別座談会

美園から始まったスマートシティ

美園タウンマネンジメント協会最高顧問・
イオン株式会社アドバイザー
岡内祐一郎氏

アーバンデザインセンターみその副センター長
岡本祐輝氏

さいたま市長
清水勇人

ばらばらに存在する情報を活用する

清水　スマートシティとしてのさいたま市の未来を考える時、美園地区は先進的なモデル地区だと、私は考えています。特に「共通プラットフォームさいたま版」を活用した「情報信託」の機能に可能性を感じています。

情報信託は住民の皆さんから信託された個人データを適切に管理、運用することで、進展するデータ主導社会において大きな価値を生むといわれています。また、共通プラットフォームさいたま版は、地域サービスを利用する住民の皆さんも、サービスを提供する行政や事業者の皆さんも、双方がメリットを享受できる情報共通基盤システムとして、情報信託機能を支えます。

まずは、それらの現状について意見をお聞きしていきましょう。

岡本　私たちは昨年度・今年度と「情報信託」にかかわる総務省事業を活用して実証事業

清水勇人（さいたま市長）

を行っています。現在、個人データの管理・活用を行う上で、提供された個人データを堅牢で安全に取り扱えることに加えて、個人データの提供先を選択できる仕組みはカバーできており、その運用検証を実証事業を通じて行っている段階です。

一方で、今はまだ「個人データの仕組み」でしかないともいえます。世の中には個人データ以外にもデータがたくさんあります。例えば、道路や建物などがいつできて、現在どう維持管理されているかなどのデータです。これらの「まちのデータ」と個人データをどう連携させるのかについては今後の課題です。共通プラットフォームさいたま版は、まちのデータと個人データを掛け合わせて、新しいサービスを生み出すわけですから、ようやくその入口に立ったともいえます。

清水　個人データの提供について、今はまだ多くの皆さんが情報セキュリティへの不安を感じていますから、オープンデータとして利活用するためには、適正で信頼できる環境を構築する必要があります。さいたま市が行政としてかかわることで、その信頼を支援していきます。

岡本祐輝氏（アーバンデザインセンターみその副センター長）

将来は、共通プラットフォームさいたま版からさまざまな分野で新しいサービスが生まれるでしょう。さいたま市としては、地域の課題を解決する新しい行政サービスを提供するという期待があります。私は特に超高齢社会への対応や子育て支援などの分野に可能性を感じていて、注目しています。

期待は行政サービスの向上や利便性の向上だけではありません。美園地区は新しいまちです。スマートシティの取り組みを通して、住民の皆さんが人と人の絆を強くしてコミュニティの力を高めていく、一人ひとりの幸せを実現していくことへ、私は大きな関心と期待を持っています。

岡内 世の中には情報がたくさんあります。しかし、それらは目的を持って活用しなければ、新しい意味や価値は生まれないと思います。共通プラットフォームさいたま版は情報が集まってくる土台です。では、どう活用すればいいでしょうか。

今、健康に関心が集まっています。例えば運動したい時、スポーツジムや公園の情報の在りかはばらばらです。これらの情報を簡単に入手できたら、腰を上げるきっかけになる

岡内祐一郎氏
（美園タウンマネンジメント協会最高顧問、イオン株式会社アドバイザー）

でしょう。さらに、買い物履歴や薬歴などの情報を元に専門家の栄養指導や医療機関の助言が加われればもっと便利になります。

個人データの活用は、個人データを提供する人がこれから先の自分の生活についてどう考えるかが原点です。共通プラットフォームさいたま版は、そのために必要な情報を的確に届けるシステムで、つまり「有無相通ずる」仕組みと言えます。

実は、情報社会にあっても今は必要な情報の在りかは簡単には分かりません。共通プラットフォームさいたま版はばらばらに存在する情報を掛け合わせたり、組み合わせたりする「場」です。私は、これからの新しいまちにはこうした情報プラットフォームが社会基盤として整備されているべきだと思います。

岡本　共通プラットフォームさいたま版について、市民の皆さんがそのシステムの全容を理解するのは容易ではないと感じていますが、実証事業を通じてどのような点が引っかかるのかは把握されつつあります。

パーソナルデータ活用事業「ミソノ・データ・ミライ」プロジェクトなどさまざまな事

業が進んでいますが、参加者の中には「私の個人データはどう使われるのですか」と質問される方もいて、やはり生々しさを感じます。個人データの利活用にはやってみなければ分からない部分があって、その中で生まれるサービスとして子育て世代向けや高齢者向けとしてパッケージされます。

現在の規約では、個人データの提供先を選べるだけでなく、提供するデータの種類も選択できます。例えば生年月日は提供しないが、血液型は提供するという具合です。こうした試みから、サービス内容に応じて提供しやすいデータの種類なども我々は学んでいる段階です。

岡内　日本の情報社会は世界と比べて遅れていると思えます。だから、地域で実証実験を行いながらより良いシステムに高めていくというのがぴったりな表現です。

インターネット通販を利用すれば個人データが収集されます。重要なことは、海外の通販事業者はＡＩ（人工知能）などを使ってそのデータを解析し、新しいビジネスモデルを創造して、日本に持ち込んでいることです。

私は日本にも、特に地域社会に個人データを利活用する環境があれば、生活の質の向上につながると思います。

今、私たちはその入口にいて試行錯誤を繰り返しているわけです。今後はさらに多くの大学や研究機関に参画してもらってデータ解析を厚くする必要があるでしょう。共通プラットフォームさいたま版を活用した実験を重ねることで、さいたま市にはいち早く経験値が残ります。市民の皆さんはそこから生まれる新しいサービスを享受することができるでしょう。それを支援・育成する役割を果たすのが行政や企業です。

清水　さいたま市としても市民の皆さんに健康で長生きしていただくことが重要な課題で、行政として働きかけています。これに加えて、岡内さんが指摘された新しい健康情報提供サービスが民間から生まれれば、健康管理の意識づけや行動にさらにつながるでしょう。結果として「健幸長寿」のまちづくりや医療費の削減などにつながるという、行政としての期待もあります。

民間事業者の皆さんが新しいサービスを生み出すためには、ビジネスとして成立する必要があります。つまり、個人データやまちのデータにどれほどの価値があるのかを検証する必要があります。

岡内　お金を扱う銀行が預金に利子を払うのと同様に、情報銀行は個人から預かった情報を企業などへ提供してその対価を、情報を提供した個人へ還元します。個人が提供する情報ごとに価値が違うでしょうし、還元される対価も違うと想像します。そのモデルをさいたま市でつくればいいと思います。そして、その応用を全国へ広げる。清水市長が考えている「スマートシティさいたまモデル」の姿だろうと思います。

地域ポイントで「選ばれる都市」へ

清水　美園地区で始まってさいたま市全域へ広がった事業もすでにあります。シェアサイクルがその一つで、新しい都市の交通システムとして人気です。専用のサイクルポートは市内に約２７０カ所あって、１５００台が走っています。これは、全国でも最大級の規模でしょう。これからはもっともっと普及すると思います。

岡本　シェアサイクルの可能性は、清水市長も積極的な乗り物のサービス化「MaaS（マース）」にもつながります。これは個人的な理想ですが、例えばある人がある地点から別の地点まで移動したいと思った時、運動不足であれば自転車を、疲れ気味であればバスを勧めるような仕組みにまで、私たちの取り組みを高めたいと思っています。

私たちが目指すのは、一人ひとりに合ったサービスを提案することです。それを実現するためにはやはりさまざまなデータを利活用できるようにする基盤が必要です。

清水　それはとてもいいですね。スマートシティと聞くと何でも簡単にできる便利で楽な社会を想像しがちですが、私たちが目指す社会はそうではありません。ドア・ツー・ドアで目的地へ歩くことなく移動できれば確かに楽かもしれませんが、道すがら挨拶を交わしたり、人と関わったりすることもありません。

果たしてこれで、私たちは健康や幸せと言えるでしょうか。岡本さんがおっしゃるよう

な一人ひとりの状況に合ったサービスの提案があれば、理想とする移動手段を選択する説得力になると思います。

岡内　これまでのショッピングセンターはバリアフリーの方針でしたが、なるべく歩いていただくような仕掛けをつくっている施設も登場しています。歩いた分だけポイントが貯まってお得になるという仕組みもあります。それを楽しみに足を運んでくださるお客様も増えていて、ビジネスにもつながっています。それは同時に健康増進への意識が高まり、行動するお客様が増えていることでもあるわけです。ショッピングセンターは物を売る場ですが、そういう機能もあるわけです。

清水　岩槻区と美園地区にはイオンの「WAON（ワオン）カード」を記録媒体にして地域ポイント「たまぽんポイント」が貯まる「さいたま市みんなで健康WAON」があります。さいたま市全体からみると今はまだ連携していないポイント事業もありますが、ゆくゆくは全域に広げたい事業です。

例えばラジオ体操に参加するとシルバーポイントが付与される制度があります。これが大人気で、朝の公園はにぎやかでお年寄り同士がハイタッチして集まってきます。他にも健康マイレージポイントなどもあります。

これらはポイント付与が楽しみの一つになっていて、さらに電子化されて他のデータを掛け合わせて運動と健康がどう関わっているのか分かるようになれば、新しい楽しみが生まれると思います。

さいたま市は、週に1回以上スポーツする人の割合は2018年度約62・8%です。2010年度は39・7%、2003年度は28・5%でしたからずいぶん伸びました。70%を目指していて、ウォーキングや自転車など気軽にできる運動がかぎになるでしょう。

地域ポイントは市民の皆さんが行動を起こすきっかけになります。今後はさまざまな地域ポイントを連携させること、美園地区の実証実験の成果を踏まえてデータの利活用によってさらに効果を上げることを視野に前進させたいものです。

岡内　私どものWAON以外にも電子マネーはさまざまにあります。それらを健康ポイントとして横串で刺すような仕組みがさいたま市に誕生したら面白いと思います。買い物するだけでなく、運動したり地域のイベントに参加したりすることでポイントが付与されるのはもちろん、データの活用によって健康増進を見える化してご褒美ポイントが付与される仕組みにすれば、さらにやる気が向上するでしょう。

運動によって市民の健康増進を図ることで、行政であれば医療費や介護費用が少しずつ減少します。それを経費削減と考えるのではなく、地域ポイントの原資にしてさらに施策を進めるという考え方があると思います。もちろん事業者も、データの利活用によって削減した販促費をそれに当てます。住民の皆さんは地元で買い物することで支えます。こうして「生き金」ならぬ「生きポイント」として地域の健康ポイントを運用する社会は決して遠い話ではないと思っています。

考えてみてください。こうした仕組みがある都市に住みたい、子育てしたいと思いませんか。これからの時代は都市と地方という構造ではなく、都市間での競争になります。住民が暮らしたい都市を選ぶ時代ということです。

大企業を誘致して税収を上げ、経済を活性化すればいいという単純な発想では足りません。健康に資する都市、教育が充実した都市、安心・安全な都市、自然を愛する都市など大きな選択肢があって、それらを満たす都市であることが重要だと思います。

ですから、情報プラットフォームを都市基盤として着々と整備することがとても重要です。これをさいたま市から全国へ広げていけば、日本のまちのレベルが上がっていくと思います。私は美園地区には実験都市としての大きな価値があると思っています。

清水　「生きポイント」という考え方では、シルバーポイントの原資は介護保険でまかなわれ敬老祝い金に代わる施策です。健康づくりやボランティア活動に参加することで付与されるポイントは、活動奨励金や地域で使える商品券に交換できる仕組みで、健康で長生きしていただくための仕掛けに活用しています。

実は自治会のラジオ体操係でポイントを貯める楽しさを、身を持って感じています。ポイントで見える化されるので、休めないといいますか休みたくないほど楽しいです。一方で、行政の立場からはこうした取り組みの成果を検証する必要を感じます。地域ポイントのデータ化にはそうした期待もあります。

データの利活用で絆を深める

岡本　たまぽんポイントは現在、岩槻地区と美園地区での実証段階ですが、売り出しやキャンペーンなどの販促ポイントとしてうまく使いこなしている商店も少なくありません。この仕組みをどう活用するかはそれぞれの店舗や商店街の営業努力という考え方がある一方で、ポイント利用の基礎的な仕組みを地区全体として、あるいはさいたま市全域としてどう構築するかという課題があって、そこは切り分けて議論すべきだと思います。

岡内　大型店と商店街の競合がかつてはありましたが、地域ポイントを活用して共存している事例が全国にあります。例えば、私どもは「ご当地ＷＡＯＮ」をすでに全国で１５６枚発行していて、一定の割合で利用額の一部を地域のために役立てていただいています。つまりお客様と一緒に地域へ還元しているわけです。

個人商店が簡単に使える情報プラットフォームの仕組みをつくれば、買い物の風景が変わると思います。例えば、商店街で買い物をしている間に大きくて重い荷物が大型店から届けば便利です。情報プラットフォームには、規模によるパワーバランスではなく、大型店と商店街が共栄するさまざまな可能性があります。

岡本　事業規模にかかわらずデータの利活用ができる仕組みを整えるのが理想です。小規模な事業者が大規模事業者と同じ条件で個人データを利活用するために必要な運用ルールの検証についても今年度取り組んでいます。

今、健康プログラムがとても人気で、多くの地域住民に参加いただいていますが、体組成計などの計測端末の設置場所がまるで井戸端会議の場のようになっています。コミュニティの接点になっていて、健康まちづくりの分野で言われる「社会参画」のきっかけにもなっていると感じます。なかなか簡単ではないですが、こうした地域コミュニティ形成のきっかけづくりの効果も、できれば数値評価していくことも今後の課題です。

清水　地域ポイントの普及には地域の店舗や商店街に加盟していただくことが重要だと思

います。家庭で余った食品をお持ちいただくと、食品の内容量に応じて加盟店で使えるたまぽんポイントが付与される「フードシェア・マイレージ」も、「さいたま市みんなで健康WAON」と連携していて取り組みが広がっています。

地域の店舗は地域社会と密着している、地域住民とのつながりが強いなどの強みがあります。そこを生かしつつ、さらにデータを活用することで新しい活性化の道が開ける可能性が十分にありますし、大型商業施設とも共栄できると思います。そう考えると、共通プラットフォームさいたま版や地域ポイントへの期待がさらに高まります。

加えて、私はそれらを地域やそこに暮らす人と人の絆を強めるためにも活用したいと考えていて、社会参画のきっかけづくりやコミュニティ形成に寄与しているという岡本さんの話を聞き力強く感じました。私たちはいち早くスマートシティの扉を開けて進み始めています。岡内さんが指摘されたように、多くの経験値を得ることが将来「選ばれる都市」になる大きな力になると思います。ありがとうございました。

特別インタビュー

スマートホーム・コミュニティの最前線

写真提供：高砂建設

埼玉県住まいづくり協議会前会長・
株式会社高砂建設 代表取締役
風間 健氏

埼玉高速鉄道の始発駅「浦和美園」近くに、低炭素で災害に強い先進的環境タウン「浦和美園E-フォレスト」が誕生したのは2016年です。これは国の「次世代自動車・スマートエネルギー特区」として、さいたま市が推進する「スマートホーム・コミュニティ事業」に採択された街づくりで、埼玉県住まいづくり協議会（宇佐見佳之会長）に加盟するアキュラホーム、中央住宅、高砂建設が共同事業として開発を進めています。

宅地の一部を共用化して「コモンスペース」を創出し、コミュニティの醸成、採風や緑化などに活用しているほか、その地下を利用して電線や通信線を地中化し、防災や景観の向上を図っています。スマートホーム・コミュニティの最前線を、同協議会の前会長で高砂建設社長の風間健氏に聞きました。

スマートコミュニティを醸成する

——スマートホーム・コミュニティの先導的モデル街区「浦和美園E-フォレスト」はどんなまちなのでしょう。新しく生まれたまちで住民や地域のつながりをどう醸成するので

風間 健氏（埼玉県住まいづくり協議会前会長、高砂建設代表取締役）

しょう。住民の皆さんの声なども聞かせてください。

風間 第1期で33区画、第2期では45区画開発しました。「浦和美園E－フォレスト」の特徴はレジリエンス性の高さとコミュニティ育成型の地域づくりです。

レジリエンスとは外的な衝撃にもぽきっと折れることなく、立ち直ることのできる「しなやかな強さ」です。共用地をまちの骨格として創出し、採風や広域緑化によって良質な住環境を形成しました。また、共用地を利用して近隣交流の機会を増大させるコモンアクセス設計の標準化によってコミュニティ醸成や多方向避難路の確保を図っています。共用地を利用して低コストで実現した無電柱化は全国的にも珍しい取り組みです。加えて、各戸に雨水利用タンクや家庭菜園を設けて生活用水や非常時の食料を確保する仕組みもあります。

コミュニティ育成型の地域づくりでは、新しいまちと既存地域とのつながりを育むよう設計されています。例えば、定期的に行われるワークショップでは、ご近所付き合いが自然と生まれています。また、住宅のエネルギーを管理する「ＨＥＭＳ（ヘムス）」を通して、

各戸には家庭菜園があって、住民の会話も弾みます（写真提供：高砂建設）

お天気情報や近隣商店のお買い得情報などが配信される仕組みもあって、街区の外との連携が図られています。

ワークショップは住民の皆さんが組織した自治会主体で行われていますが、当初は私たちも積極的に支援しました。プログラムはさまざまです。例えば、全区画には家庭菜園があって近隣の農家の方に野菜の育て方を指導していただいたり、時には農家へ出かけて一緒に収穫したりするなど隣近所だけでなく、周辺の既存地域との交流も盛んです。第1期分譲地では、住民全員が顔と名前を知っているという関係を築いています。

お客様の多くが30代、40代で、未就学のお子様がいるご家族です。まち全体で子育てする、見守るという考え方に共感して、市外や県外からいらっしゃる方が多いです。

こうした取り組みが評価され、2019年度グッドデザイン賞を受賞しました。

災害に強いスマートホーム

――住宅は「HEAT20さいたま版グレード2」に適合した高気密・高断熱住宅と聞いて

いなど声があるのでしょう。住民の皆さんからはどんな声がありますか。

風間　冬季に暖房を使わなくても室温が概ね15度を保ち、13度を下回らない性能を担保しています。これは北海道の住宅性能と同等で、建売住宅でここまでの性能を追求することは少ないと思います。

省エネ、快適性に優れているだけでなく、家の中の急激な温度差によって身体へ悪影響を及ぼすヒートショックを予防します。また、万一ライフラインがストップしても、室温が13度を下回らないという点で災害にも強いと言えます。

埼玉県は冬寒く、夏は暑い土地柄です。私どもは高い住宅性能を背景にエアコンの自動運転を推奨しています。夏場、設定温度28度の自動運転で電気代をかなり安く抑えられているという報告をお客様からいただいていますし、冷房の存在を忘れてしまうほど快適という声も多く届いています。

――今年は大型台風が連続して襲い、千葉県では大規模停電が発生しました。第2期には災害時にも電力などのエネルギーが自立する仕組みがあると聞きました。

風間　室温が13度を下回らないことに加え、住宅に設置した太陽光発電で積極的にエネルギーをつくりだす創エネ、ハイブリッド給湯器による節水と節湯でエネルギーを節約する省エネを可能にしています。

また、電線や通信線の地中化で災害時の安全を確保しています。第1期は一般社団法人レジリエンスジャパン推進協議会の「ジャパン・レジリエンス・アワード（強靭化大賞）」に選ばれました。

第2期では、太陽光発電などの出力を制御できる高性能インバーター「デジタルグリッドルータ（DGR）」を利用した先進街区を設計し、広域型電力融通システムを構築しました。DGR街区は、既存の電線系統と切り離したエリアをつくることで街区内で電力を地産地消するシステムです。災害で既存の電線系統がダウンしても自立した電力を利用することを目指しています。

今後はさらに災害に強いまちへ地域ぐるみの連携を図りたいと考えています。

スマートタウンを地元企業の力で

——最後に、埼玉県住まいづくり協議会が「浦和美園E-フォレスト」プロジェクトにかける思いを聞かせてください。

風間　さいたま市が桜区で行った「スマートホームシステム実証実験ハウス」を何度も視察して強い関心を持ちました。当時、協議会の会長だったこともあり、さいたま市が目指す最先端の新しいまちづくりを地元企業としてやりたいと考えました。

行政としては大手ハウスメーカーへ任せるほうが安心だったかもしれません。しかし、地元企業の力で取り組むことに意義があると、私は強く思っています。これまでいくつもの課題を着実に乗り越え、いよいよ第3期が始まります。今後も3社共同でスマートシティさいたま市を目指して進んでいきたいと思います。

あとがき

スマートシティの始まりは、直面する地球温暖化への対応でした。温室効果ガス削減のために電気自動車（ＥＶ）などの普及を目指して「E-KIZUNA Project」をスタートさせました。その後、ＥＶは東日本大震災の教訓から「動く蓄電池」として注目されるようになります。私たちの取り組みは今、デジタル化によって様々な課題を解決し、人をより豊かに、幸せにするスマートシティへと進化しています。

市職員の行動力と情熱は事業者や市民の皆さんとの連携を促し、さらには国をも巻き込んで大きな力を生みました。このプロジェクトを通じて、職員一人ひとりがフットワーク、柔軟性、情熱、やり抜く力を身につけ、大きく成長したと感じています。

その結果、私は様々な国際会議に参加し、「スマートシティさいたまモデル」の取り組みについて発表する機会をいただきました。また、内閣府の「次世代自動車スマートエネルギー特区」や「ＳＤＧｓ未来都市」に認定されたほか、国土交通省の「先進的まちづくりシティコンペ国土交通大臣賞」などを受賞できました。

このプロジェクトはまだ緒についたばかりです。市民や事業者の皆さんとビジョンを共有しながら、スマートシティ化によって人と人の絆をさらに結んでいきましょう。私たちはスマートシティの社会実装へ向けて前進しなければなりません。

出版にあたり、取材に協力いただいた美園タウンマネジメント協会最高顧問の岡内祐一郎氏、アーバンデザインセンターみその副センター長の岡本祐輝氏、埼玉県住まいづくり協議会前会長の風間健氏、私を励まし、編集してくれた地域環境ネットの阿久戸嘉彦氏、埼玉新聞社の高山展保氏をはじめ関係者の皆さんに深く感謝申し上げます。

また、いつも私を支えてくれている妻と二人の息子、同志である後援会の皆さん、そして市民のために私と一緒に頑張っている市職員の皆さんに感謝を込めて、本書を捧げます。

令和元年10月

清水勇人

著者プロフィール
清水　勇人（しみず・はやと）

昭和37（1962）年、埼玉県生まれ。

さいたま（旧大宮）市立植水小、明治学院中・同東村山高、日大法卒。

（財）松下政経塾卒塾（7期生）。衆議院議員秘書を経て、平成15年、19年、南6区（さいたま市見沼区）より県議会議員選連続トップ当選。

全国初の議員提案による「防犯のまちづくり推進条例」、「スポーツ振興のまちづくり条例」を実現。

平成21年5月、さいたま市長に初当選。

平成25年、第8回マニフェスト大賞「首長グランプリ」「最優秀マニフェスト賞（首長）」受賞。

平成29年5月、初の20万票超、全区1位でさいたま市長に再選（現3期目）。

日本サッカーを応援する自治体連盟会長、共栄大学客員教授ほか。

著書は『繁盛の法則』（TBSブリタニカ）、『犯罪のない安全なまちをつくろう』『さいたま市未来創造図』『スポーツで日本一笑顔あふれるまち』『もっと身近に、もっとしあわせに』（以上、埼玉新聞社）ほか。

さいたま市未来創造図 4
人と人を絆で結ぶスマートシティ

令和元年11月７日　初版第１刷発行

発　行　者　関根 正昌
発　行　所　株式会社 埼玉新聞社
〒331－8686
さいたま市北区吉野町2－282－3
TEL 048－795－9936（出版担当）
印刷・製本　株式会社 エーヴィスシステムズ